BIBLIOTHÈQUE

# DES MERVEILLES

PUBLIÉE SOUS LA DIRECTION

DE M. ÉDOUARD CHARTON

LES

# MÉTÉORES

11053 — IMPRIMERIE GÉNÉRALE DE CH. LAHURE
Rue de Fleurus, 9, à Paris

BIBLIOTHÈQUE DES MERVEILLES

# LES MÉTÉORES

PAR

MARGOLLÉ ET ZURCHER

OUVRAGE ILLUSTRÉ DE 23 VIGNETTES SUR BOIS
PAR LEBRETON

TROISIÈME ÉDITION
Revue et augmentée

PARIS
LIBRAIRIE DE L. HACHETTE ET Cie
BOULEVARD SAINT-GERMAIN, N° 79

1869

Les anciens peuples contemplaient les grands spectacles de la nature avec d'autres sentiments que les nôtres. Leur admiration était mêlée de plus d'étonnement et de crainte. Nous lisons dans les livres sacrés de l'Inde, les *Védas* :

« Le soleil se lèvera-t-il?

« Notre amie l'aurore reviendra-t-elle?

« Les puissances de la nuit seront-elles vaincues par le Dieu de la lumière? »

Ces questions nous paraissent étranges. Étaient-elles sérieuses? Était-ce sincèrement que les hommes primitifs se demandaient, avec inquiétude, pendant la nuit, si le our sortirait vainqueur des ténèbres et viendrait au matin rendre au monde la clarté, la chaleur et la vie?

Oui, sans doute, l'histoire l'atteste; les premiers hommes supposaient que les astres étaient des corps animés, vivants; c'étaient à leurs yeux des êtres supérieurs, des dieux bons ou mauvais, amis ou ennemis, et sans cesse prêts à s'engager dans des combats dont l'issue devait être avorable ou funeste aux mortels.

L'aurore était elle-même une de ces divinités, et la plus charmante, toujours belle de fraîcheur et de jeunesse, toujours saluée et invoquée avec reconnaissance parce qu'elle était la première à annoncer la défaite des ténébreuses puissances du mal, et que, chaque matin, messagère aimable et fidèle, elle venait éveiller doucement les enfants de l'homme dans les diverses contrées de la terre.

Ce n'est plus avec ces émotions naïves de l'antiquité que nous contemplons les scènes éternelles de la création. Nous ne doutons plus du lever régulier du soleil : nous savons l'heure, la minute, la seconde où il apparaîtra sur l'horizon, et nous pouvons aussi calculer avec précision la durée de l'aurore dans tous les climats. Mais cette heureuse sécurité que nous devons à l'expérience et à la science n'a pas affaibli dans nos âmes le sentiment de l'admiration. Ce religieux et fécond sentiment s'est au contraire fortifié, agrandi, et surtout épuré à mesure que la réflexion et l'étude nous ont révélé avec plus d'évidence la puissance et la bonté infinie du Grand Être qui préside à l'ordre universel. Nous suivons avec un intérêt plein de poésie les progrès de l'esprit humain dans l'étude de ces forces naturelles, agents matériels, ressorts immenses obéissant à la volonté de Dieu, dont les anciens n'avaient qu'une idée si confuse! Quel vaste champ ouvert à la curiosité, même en se limitant aux phénomènes qui n'ont pour théâtre que l'atmosphère terrestre! Quelle variété dans les effets produits autour de nous par l'action et les combinaisons incessantes des éléments de l'air, de l'eau et du feu[1] qui ser-

1. On divise ordinairement les phénomènes atmosphériques en météores aériens, aqueux ou ignés.

vent à entretenir et à développer la vie à tous les degrés et sous toutes les formes à la surface du globe ! On a dit avec vérité : « Le spectacle des états du ciel, les aspects changeants des nuages, les pluies, les grêles et les orages qui se forment au-dessus de nos têtes, les apparitions de météores lumineux comme les aurores boréales, les halos et l'arc-en-ciel, ont quelque chose d'étrange ou de merveilleux qui sollicite et captive l'attention. Pour une âme disposée à sentir vivement, de pareilles études doivent avoir un charme irrésistible[1]. »

1. Ernest Faivre. — *OEuvres scientifiques de Gœthe.*

# LES
# MÉTÉORES.

## I

### ILLUMINATION DE L'ATMOSPHÈRE. — CRÉPUSCULE. MIRAGE.

L'atmosphère. — La voûte bleue du ciel. — Prolongation du jour. — Couleurs du spectre. — Couchers de soleil. — Crépuscules des régions polaires. — Anticrépuscules. — Mirage. — Fata-Morgana.

#### L'Atmosphère.

« L'atmosphère entoure la terre d'une enveloppe sphérique dont l'épaisseur est inconnue[1].

« De nombreuses observations indiquent toutefois que la limite de cette enveloppe ne peut guère s'élever au delà de 100 kilomètres, ni être au-dessous de 10.

1. Il sera peut-être même toujours impossible d'arriver sur ce point à une évaluation rigoureusement exacte, parce que la raréfaction des couches supérieures augmente à mesure qu'on s'élève et que la pression diminue.

« L'atmosphère, bien qu'invisible, presse la surface de nos corps à raison de 15 livres par pouce carré, en sorte que chacun de nous porte incessamment, sans en avoir conscience, un poids total de 17 000 kilogrammes.

« Plus légère que le plus léger duvet, plus impalpable que les plus fins filaments, elle laisse intactes les toiles d'araignées, et courbe à peine sur leurs tiges les fleurs qu'elle nourrit de sa rosée; cependant elle transporte autour du monde, sur ses ailes, les flottes de toutes les nations, et écrase sous son poids les plus dures substances. Lorsqu'elle est en mouvement, sa force est suffisante pour déraciner les plus grands arbres et renverser les plus solides monuments, pour soulever l'Océan en vagues furieuses et briser les plus fiers navires comme de frêles jouets.

« L'atmosphère réchauffe et rafraîchit tour à tour la terre et les créatures vivantes qui l'habitent.

« Elle aspire les vapeurs qu'elle retient suspendues en voûtes de nuages, et qu'elle verse en pluies et en rosée sur la terre desséchée.

« Elle réfracte et reflète les rayons du soleil pour nous donner l'aurore et le crépuscule, pour faire briller le ciel du levant et du couchant des plus éclatantes couleurs.

« Sans l'atmosphère, le soleil nous arriverait et nous quitterait subitement; nous passerions sans transition de l'obscurité de minuit à la splendeur de midi. Nous n'aurions plus les douces clartés du crépuscule; les nuages n'ombrageraient plus la terre, constamment exposée à l'ardente chaleur du jour.

« L'atmosphère nous apporte les éléments qui entretiennent la flamme de la vie comme celle du foyer : elle reçoit et transforme dans son sein toutes les substances nuisibles qui proviennent de la décomposition. Par sa circulation, elle nous rapproche tous dans une commune existence d'échange et de solidarité. Une substance gazeuse, mortelle pour nous, l'acide carbonique, que nous exhalons et rejetons sans cesse, se disperse, grâce à elle, sur le globe entier. Les dattiers du Nil, les cèdres du Liban, les cocotiers de Taïti s'en emparent pour croître plus rapidement; les palmiers et les bananiers du Japon le changent en fleurs. La substance salubre, l'oxygène que nous respirons, vient des magnolias de la Susquehanna, des arbres superbes qui bordent l'Orénoque et l'Amazone; les rhododendrons géants de l'Himalaya, les roses et les myrtes de Cachemire, les cannelliers de Ceylan, les antiques forêts qui s'élèvent au sein de l'Afrique contribuent à la production de cet agent de la vie[1]. »

**La voûte bleue du ciel. — Prolongation du jour.**

Le jour n'éclaire pas les régions les plus élevées de l'atmosphère : il y fait nuit. A une certaine hauteur on voit cesser peu à peu l'illumination diffuse produite par les particules de l'air qui agissent sur les rayons du soleil comme les mille facettes d'un cristal. Aux yeux des aéronautes arrivés à 7 ou 8 kilomètres au-dessus du sol, les étoiles brillent comme dans la nuit la plus profonde, tandis qu'au-dessous d'eux la terre resplendit de lumière. La belle couleur bleue, qui nous paraît être celle du ciel même, n'est en réalité que celle de la masse de l'air : elle devient de plus en

1. Dr Buist, *Transactions of the Bombay geographical Society*, vol. IX, 1850.

plus sombre au-dessus de la région lumineuse qui nous enveloppe.

Cette voûte, que nos regards contemplent, n'existe pas. Ce sont les couches atmosphériques qui, en augmentant de densité à mesure qu'elles approchent de la surface terrestre, donnent au ciel une fausse apparence. On a été très-longtemps à s'affranchir de cette illusion, et à constater que la forme et les dimensions de la voûte céleste changent avec la constitution de l'atmosphère, avec son opacité ou sa transparence, avec son degré d'illumination.

Les rayons de soleil s'éteignent en partie dans l'air qu'ils traversent. Leur affaiblissement est beaucoup moindre au zénith[1] qu'à l'horizon, où ils ont à parcourir une couche d'air quinze fois plus forte. Aussi peut-on facilement contempler cet astre sans être ébloui, quand il est peu élevé. Une modification de même nature a lieu pour les objets terrestres, qui s'effacent de plus en plus à mesure que leur distance augmente. Les montagnes éloignées revêtent la couleur azurée de l'air.

Cette teinte propre de l'air est souvent altérée par les molécules aqueuses qui y sont contenues et qui renvoient généralement de la lumière blanche. On explique par là les variations que présente le ciel, où le bleu est plus vif au zénith qu'à l'horizon. La couleur d'une même partie du ciel change aussi dans le cours de la journée : elle devient de plus en plus foncée depuis le matin jusqu'à midi et pâlit ensuite insensiblement jusqu'au soir.

1. Point du ciel qui, pour chaque lieu, est situé au-dessus de la surface terrestre, sur le prolongement de la ligne verticale.

Une expérience très-simple peut aider à faire comprendre la propriété de la lumière qu'on nomme « réfraction. » Mettez au fond d'un large vase ou bassin vide une pièce de monnaie et éloignez-vous jusqu'à ce qu'elle vous soit cachée par les bords. Il suffira, pour que vous puissiez la revoir sans changer de place, qu'une autre personne verse de l'eau dans le vase. C'est que la lumière suit alors une ligne brisée, et il en est de même toutes les fois qu'elle pénètre d'une couche d'air plus dense dans une autre qui l'est moins. On explique de même cet autre phénomène de l'atmosphère qui, en réfractant les rayons du soleil, nous fait voir cet astre plus haut qu'il n'est en réalité, d'où résulte que la durée du jour se trouve notablement augmentée.

Avant son lever, le soleil éclaire déjà les couches atmosphériques les plus élevées qui nous renvoient sa lumière. La clarté s'accroît progressivement jusqu'à ce que l'astre apparaisse. L'effet inverse a lieu le soir quand il s'est couché. Qui n'a souvent admiré ces transitions successives, ces luttes entre le jour et la nuit, spectacle sublime, varié sans cesse par les mille couleurs de la vapeur étendue à l'horizon et des nuages qui flottent dans le ciel.

### Couleurs du spectre solaire.

Si l'on fait passer la lumière solaire à travers un prisme de cristal, elle produit un spectre coloré. Cette sorte d'épanouissement, d'un effet presque magique, est une décomposition du rayon blanc en plusieurs espèces de lumières, dont les sept principales se succèdent dans l'ordre suivant, facile à retenir, car il forme un vers alexandrin :

Violet, indigo, bleu, vert, jaune, orangé, rouge.

La propriété de l'atmosphère qui produit ce phénomène est désignée dans la science sous le nom de « dispersion. »

Un physicien anglais, M. Forbes, a fait une observation très-curieuse sur le jeu de la lumière au milieu des vapeurs en suspension dans l'air. Cette observation aide à comprendre les phénomènes visibles pendant les crépuscules du soir et du matin.

M. Forbes se trouvait un jour placé à côté d'une locomotive préparée pour le départ, et regardait l'image du soleil se peignant dans la colonne de vapeur qui sortait par la soupape de sûreté. Immédiatement au-dessus de l'orifice, cette vapeur était diaphane comme l'air. Les rayons solaires la traversaient sans s'affaiblir et allaient frapper un mur blanc placé en face. Un peu plus haut, la lumière paraissait moins vive, mais sa couleur était orange, et la demi-ombre portée sur le mur rappelait les premières teintes du soir. Le disque du soleil situé au-dessus avait une couleur rouge foncé. Au delà, la vapeur, avant de se résoudre en pluie, ne laissait plus passer aucun rayon ; son ombre était entièrement grise.

### Couchers de soleil.

Dans l'océan Atlantique, près des côtes du Portugal, nous avons observé des crépuscules où les nuances du spectre se succédaient très-régulièrement depuis le vert bleuâtre jusqu'au rouge vif. Ces modifications sont lentes dans nos climats; elles permettent de jouir pleinement du magique spectacle des crépuscules où l'azur sombre de la mer rehausse l'éclat des couleurs délicates du ciel. Dans les parages voisins de l'équateur, la durée du phénomène est beaucoup moindre, mais il est en général d'une grande beauté. Voici comment un éminent astronome français, M. Liais, le décrit, dans la relation de son voyage à Rio de Janeiro :

« Presque immédiatement après le coucher du soleil, une coloration rose se montre à l'est. On distingue bientôt au-dessus d'elle un segment sombre, souvent de couleur verdâtre. La coloration rose s'étend en largeur vers le sud et le nord, et, onze minutes après son apparition à l'est, elle commence à se faire remarquer à l'ouest, le zénith restant bleu. En réalité, il existe une coloration rose tout autour du zénith jusqu'à l'horizon, sauf à l'est, où un segment gris bleu ou gris verdâtre repose sur l'horizon, et à l'ouest, où on distingue un segment blanc. Huit minutes après son apparition à l'ouest, la coloration rose, qui a été sans cesse en s'affaiblissant à l'est, cesse entièrement de ce côté. A l'ouest, on distingue un segment blanc, bordé par un arc rose vif, au-dessus duquel apparaît le bleu d'azur avec un éclat et une teinte impossibles à décrire. Cet arc descend peu à peu vers l'horizon. Il devient alors très-surbaissé et prend des teintes rouge vif ou rouge orangé. Enfin il se couche quand le soleil est à 11° sous l'horizon.

« Quand l'arc rouge dont nous venons de parler est très-bas et sur le point de disparaître à l'ouest, une seconde coloration rose se forme et apparaît peu à peu et simultanément à l'est et à l'ouest, en faisant le tour du zénith qui reste toujours bleu. Une région d'un blanc argenté sépare à l'ouest les deux arcs roses. A mesure que le soleil descend, on voit la deuxième coloration rose disparaître d'abord à l'est, en se retirant vers le nord et le sud sans passer par le zénith ; puis enfin, le premier arc rose se couche, et il ne reste plus que le second arc qui est à l'ouest et a la forme d'un arc surbaissé avec un segment blanc au-dessous. Enfin, ce second arc rose, qui prend une teinte plus rouge en s'abaissant, se couche quand le soleil est à 18° sous l'horizon. »

Nous reproduirons encore la description d'un coucher de soleil dans le Sahara, par M. Ch. Martins[1] :

« Chaque coucher du soleil était une fête pour nos yeux, un étonnement pour notre intelligence, surtout lorsque l'atmosphère n'était pas complétement sereine. Les colorations sont alors plus vives et plus variées. A mesure que l'astre s'approche de l'horizon, les nuages gris et échevelés de la voûte du ciel, derniers émissaires des brouillards du nord, se frangent de teintes pourpres de plus en plus intenses, tandis que les contours arrondis des nuages blancs reposant sur les cimes lointaines, se bordent d'un liséré jaune et semblent enchâssés dans l'or qui remplit le couchant. Dès que le soleil est descendu sous l'horizon, une teinte rouge des plus douces se répand sur tout le ciel occidental. Émanation de l'astre disparu, elle colore toutes les montagnes. L'une d'elles, visible de Biskra, est appelée *Djebel-Hammar-Kreddou*, la montagne à la joue rose : elle mérite ce nom, car longtemps encore après le coucher du soleil elle conserve un reflet rose

1. *Revue des Deux-Mondes*, 15 août 1864.

comme l'incarnat des joues d'une jeune fille. Par un effet de contraste avec le rouge, le bleu du ciel prend une teinte vert d'eau. Peu à peu le rose pâlit, l'arc éclairé se rétrécit, et la lumière qui l'illumine est blanche et pure comme celle qui doit briller dans l'éther au delà des limites de notre atmosphère. Grâce à la transparence de l'air, tous les contours des objets terrestres sont parfaitement arrêtés. Les fines découpures des feuilles de palmier deviennent plus visibles qu'en plein jour, et, quand l'arbre tout entier se détache sur ces fonds alternativement jaunes, rouges et blancs, il semble que la poésie de ce noble végétal se révèle aux yeux pour la première fois. Cependant la nuit se fait. Les planètes, puis les grandes constellations apparaissent les premières : le ciel se peuple de myriades d'étoiles ; sa voûte s'éclaire, la voie lactée, bande blanchâtre et effacée dans les hautes latitudes, semble une écharpe de diamants étincelants jetée sur le dôme céleste. La lune n'est plus cet astre blafard dont le regard mélancolique semble compatir à la tristesse de nos pays embrumés ; c'est un disque brillant de l'argent le plus pur, réfléchissant sans les affaiblir les rayons qu'il reçoit, ou un croissant complété par la lumière cendrée qui dessine visiblement les contours de l'orbe tout entier. Tel fut le coucher du soleil du 13 décembre 1863, la veille de notre départ de Biskra ; il nous émut profondément : c'était notre adieu aux soirées du désert. »

**Crépuscules des régions polaires. — Anticrépuscules.**

On admet généralement comme règle pour la durée de la lueur crépusculaire l'abaissement du soleil à 18°.

au-dessous de l'horizon. Dans beaucoup de lieux, le crépuscule dure toute la nuit à certaines époques, et cela arrive à Paris, par exemple, aux environs du solstice d'été.

Si dans les hautes régions l'air est rempli de fines particules de glace, l'obscurité n'est pas complète lorsque le soleil se trouve même à 30° au-dessous de l'horizon, comme le montrent les longs crépuscules des régions polaires. Il règne dans ces tristes contrées, pendant leur nuit de six mois, un demi-jour qui permet quelquefois de lire, si la clarté de la lune et le rayonnement des aurores boréales s'ajoutent aux pâles lueurs envoyées par le soleil.

On observe assez souvent après le coucher du soleil, quand on est placé sur une élévation, un arc rouge qui se dessine sur le ciel oriental autour d'un espace sombre de couleur bleue. Dans des circonstances favorables, la ligne de séparation est marquée d'un liséré jaunâtre. C'est le phénomène qu'on a nommé *anticrépuscule.* Le point culminant de l'arc se trouve précisément en face du soleil, et un examen attentif montre que le segment qui n'est plus éclairé que par la lumière diffuse correspond à l'ombre de la terre se projetant sur le ciel.

### Mirage. — Fata-Morgana.

Regardez en été les objets placés au delà d'un champ échauffé par le soleil. Ils paraîtront vacillants et leur forme changera continuellement. On se rend compte de cet effet par l'entre-croisement des filets d'air chaud et d'air froid qui montent et qui descendent. Les rayons lumineux, en les traversant, modifient leur marche presque à chaque instant. Le phénomène du *mirage*, dont on trouve en Égypte les plus remarquables exemples, a une origine analogue. Dans cette contrée, l'atmosphère est d'ordinaire calme et d'une très-grande pureté. Au lever du soleil, on distingue avec une netteté parfaite les objets lointains. Des bords du Nil jusqu'aux limites du désert apparaissent de distance en distance de petites éminences couronnées de villages et de bois de palmiers qui dominent l'inondation de chaque année. A mesure que le soleil s'élève, la terre échauffée communique aux couches inférieures de l'air sa haute température. Souvent se manifeste alors le tremblement ondulatoire dont nous venons de parler. Mais lorsque le vent ne souffle pas et que le calme de l'atmosphère permet aux couches inférieures de se dilater, sans se mêler à celles qui leur sont superposées, on croit avoir devant soi un grand lac au milieu duquel apparaissent les images renversées des éminences et de leurs villages. Le magnifique ciel bleu semble s'y réfléchir aussi, mais à mesure qu'on avance la nappe d'eau imaginaire fuit pour faire place au sol brûlant, tandis que le même tableau se reproduit plus loin sous un autre aspect.

Ces apparences ont bien souvent trompé nos soldats de l'armée d'Égypte. Fatigués par des marches forcées; mourant de soif sous l'ardente chaleur du soleil dans un air chargé de sable, ils se précipitaient vers le rivage, qui fuyait toujours devant eux.

On doit à l'illustre Monge, qui faisait partie de l'expédition, l'explication du phénomène. Il a montré que, les couches d'air les moins denses étant les plus basses, un rayon lumineux dirigé d'un objet élevé vers le sol s'incline de plus en plus, par suite de la réfraction, jusqu'au moment où une réflexion s'opère sur une dernière couche ainsi que sur un miroir, et où ce rayon se relève en subissant des réfractions en sens contraire des premières, pour arriver à l'œil de l'observateur avec la même direction que s'il était parti d'un point situé au-dessous du sol, lui présentant ainsi l'image renversée comme s'il la voyait sur la surface d'une eau tranquille.

Les navigateurs observent des mirages dans des circonstances qui contrastent avec celles que nous venons de décrire. La température de la mer, plus froide que celle des couches calmes superposées, rend leur densité décroissante de bas en haut et l'image renversée des côtes ou des navires éloignés se dessine sur l'atmosphère. Le capitaine Scoresby a fait un grand nombre d'observations semblables dans les parages du Groënland.

« Le 19 juin 1822, dit ce savant marin dans une de ses relations, le soleil était très-chaud, et la côte parut subitement rapprochée de 25 à 35 kilomètres; les différentes éminences étaient tellement relevées, que du pont du navire on les voyait aussi bien qu'auparavant de la hune de misaine. La glace à l'horizon prenait des formes singulières; de gros blocs figuraient des colonnes; des glaçons et des champs de glace ressemblaient à une chaîne de rochers prismatiques; sur beaucoup de points la glace parut en l'air à une assez grande distance au-dessus de l'horizon. Les navires qui se trouvaient dans le voisinage avaient les aspects les plus bizarres; dans quelques-uns la grande voile semblait réduite à rien, tandis que la voile de misaine paraissait quatre fois plus grande qu'elle ne l'est; les huniers semblaient rapetissés. Au-dessus des navires éloignés on voyait leur propre image renversée et agrandie;

Un mirage en mer.

dans quelques cas elle était assez élevée au-dessus du navire, mais alors elle était toujours plus petite que l'original. On vit, pendant quelques minutes, l'image d'un navire qui lui-même était au-dessous de l'horizon. Un navire était même surmonté de deux navires, l'un droit, l'autre renversé. »

Parmi les variétés du phénomène, celle que MM. Soret et Jurine ont observée sur le lac de Genève et qu'on doit appeler *mirage latéral*, n'est pas la moins curieuse. Ils se trouvaient au deuxième étage d'une maison située sur le rivage et regardaient avec une longue-vue plusieurs barques à la voile qui se dirigeaient de droite à gauche vers le milieu du lac, pendant que près de la côte ce même groupe de barques paraissait faire route de gauche à droite. C'était une illusion analogue au mirage égyptien et qu'on explique de la même manière. Sur la côte, l'air était resté dans l'ombre une partie de la matinée, tandis qu'au large il avait été échauffé par le soleil; de là, dans l'atmosphère, des couches verticales de densités décroissantes demeurées immobiles pendant le calme.

Quand, au lieu de se produire dans des couches planes et régulières, les réfractions et les réflexions s'accomplissent dans des couches courbes et irrégulières, on a un mirage où les images sont déformées dans tous les sens, brisées ou répétées plusieurs fois, éloignées les unes des autres à des distances considérables. C'est ce qui arrive dans la fantastique vision aérienne, attribuée jadis à une fée, la *fata Morgana*, qui attire quelquefois le peuple sur le rivage de la mer à Naples et à Reggio, sur la côte de Sicile. Le phénomène a surtout lieu le matin, à la pointe du jour, lorsque règne un calme complet.

« Sur une étendue de plusieurs lieues, dit un témoin de ce spectacle extraordinaire, je vis la mer des côtes de Sicile prendre l'apparence d'une chaîne de montagnes sombres, tandis que les eaux, du coté de la Calabre, restèrent parfaitement unies. Au-dessus de celles-ci on voyait, peinte en clair-obscur, une rangée de plusieurs milliers de pilastres, tous égaux en élévation, en distance, et en degrés de lumière et d'ombre. En un clin d'œil ces pilastres perdirent la moitié de leur hauteur, et parurent se replier en arcades et en voûtes comme les aqueducs des Romains. On vit ensuite une longue corniche se former sur le sommet, et on aperçut une quantité innombrale de châteaux, tous parfaitement semblables. Bientôt ils se fondirent, et formèrent des tours qui disparurent aussi pour ne plus laisser voir qu'une colonnade, puis des fenêtres, et finalement des pins, des cyprès, répétés aussi un grand nombre de fois. »

Quelquefois ces objets se peignent dans le ciel à une assez grande hauteur au-dessus de l'horizon. Les uns se meuvent avec beaucoup de vitesse, les autres sont en repos. Leurs contours brillent parfois de couleurs irisées. A mesure que la lumière augmente, les formes deviennent plus aériennes, et elles s'évanouissent quand le soleil se montre dans tout son éclat.

Un mirage extraordinaire a été observé le 13 avril 1869, dans la Manche. Voici comment il est décrit par un voyageur placé à deux heures de l'après-midi à Folkstone : « On pouvait voir les côtes de France, depuis Calais jusqu'à plusieurs milles au delà de Boulogne ; cette dernière ville étant ordinairement invisible, comme située au-dessous de l'horizon. Immédiatement au-dessous de l'image droite des côtes, il y

La Fata-Morgana.

avait une image renversée d'une hauteur double de la première. Le phare du cap Gris-Nez donnait cinq images en ligne verticale ; la plus basse était droite et seulement un peu amplifiée. Au-dessus, mais séparément, s'élevait un couple d'images du centre et du faîte du bâtiment, l'une droite et les autres renversées ; et encore au-dessus un autre couple, l'image renversée égale à la première, mais l'image droite représentant le bâtiment tout entier. Au-dessus de Boulogne il y avait dans l'air deux images des doubles cheminées et du mât d'un remorqueur. L'image inférieure était droite et la supérieure renversée ; la fumée formait deux couches tendant, l'une en haut, l'autre en bas, toutes deux vers l'ouest, jusqu'à leur jonction. Autant que j'ai pu le savoir, le seul remorqueur près de Boulogne était dans le port. La cathédrale était très-visible, mais ne donnait qu'une image. Vers le sud-ouest et au delà des côtes de France, on observait des bateaux pêcheurs, la coque en bas, de manière à faire déterminer avec certitude la position de l'horizon. Jusqu'à trois heures, ils n'eurent que l'apparence ordinaire ; mais au-dessus d'eux il y avait deux couples d'images de vaisseaux qui, ordinairement, eussent été invisibles. A certains moments, on put observer trois et même quatre couples en ligne verticale, la ligne inférieure renversée dans chaque couple. Excepté le couple le plus élevé, les images ne semblaient représenter que la voile du grand perroquet, mais très-allongée. L'image droite, la plus haute, représentait les mâts de misaine, le beaupré et le grand foc ; on ne pouvait voir les coques. Dans tous les cas, les images renversées avaient environ une hauteur double des images droites. »

Bernardin de Saint-Pierre rapporte le fait suivant :

« Un phénomène très-singulier m'a été raconté par notre célèbre peintre Vernet, mon ami. Étant, dans sa jeunesse, en Italie, il se livrait particulièrement à l'étude du ciel, plus intéressante sans doute que celle de l'antique, puisque c'est des sources de la lumière que partent les couleurs et les perspectives aériennes qui font le charme des tableaux ainsi que de la nature. Vernet, pour fixer les variations, avait imaginé de peindre sur les feuilles d'un livre toutes les nuances de chaque couleur principale et de les marquer de différents numéros. Lorsqu'il dessinait un ciel, après avoir esquissé les plans et la forme des nuages, il en notait rapidement les teintes fugitives sur son tableau avec des chiffres correspondants à ceux de son livre, et il les colorait ensuite à loisir. Un jour, il fut bien surpris d'apercevoir au ciel la forme d'une ville renversée; il en distinguait parfaitement les clochers, les tours, les maisons. Il se hâta de dessiner ce phénomène, et, résolu d'en connaître la cause, il s'achemina, suivant le même rhumb de vent, dans les montagnes. Mais, quelle fut sa surprise de trouver, à sept lieues de là. la ville dont il avait vu le spectre dans le ciel, et dont il avait le dessin dans son portefeuille[1] ! »

C'est peut-être à des effets de mirage qu'il faut rapporter une faculté extraordinaire de vision, célèbre à l'île de France. Vers la fin du dernier siècle, un colon de cette île, M. Bottineau, signalait des navires placés bien au delà des limites de l'horizon, jusqu'à une distance considérable. La science nouvelle qu'il prétendait avoir constituée en combinant les effets produits

1. *Harmonies de la nature.*

par les objets éloignés sur l'atmosphère et sur l'eau, était nommée par lui la *Nauscopie.* Il vint à Paris, muni de certificats de l'intendant et du gouverneur de l'île de France attestant la réalité de sa découverte; mais il ne réussit même pas à obtenir une audience de M. de Castries, alors ministre de la marine. Personne ne s'enquit des moyens par lesquels il obtenait de si étonnants résultats, auxquels un juge compétent, Arago, ne refusait pas de croire, en cherchant si certains phénomènes crépusculaires où les ombres portées de montagnes éloignées jouent probablement un rôle, ne pouvaient pas mettre sur la voie de cet important secret. Le pauvre colon retourna dans son île, où on le vit jusqu'à la fin de sa vie passer presque tout son temps sur le bord de la mer, l'œil fixé sur l'horizon, continuant à exciter l'étonnement de tous par l'exactitude de ses indications.

## II

## NUAGES ET BROUILLARDS.

Les nuées. — Formation des nuages et brouillards. — Influence des courants marins. — Brouillards extraordinaires. — Apparence et mouvements des nuages. — Nuages de glaçons. — Formes des nuages. — Cloud-ring. — Influence des montagnes. — Distribution des nuages. — Spectre du Brocken. — Ombre du mont Blanc.

### Les nuées.

Dans *les Nuées*[1], Socrate prononce l'invocation suivante :

« Souverain maître, air immense, qui enveloppes la terre de toutes parts, lumineux éther, et vous, vénérables déesses, Nuées, mères de la foudre, levez-vous, ô souveraines, apparaissez dans les hauteurs de l'Empyrée.

« Venez, ô Nuées augustes, soit que vous occupiez les cimes sacrées de l'Olympe blanchies par les neiges, soit que dans les plaines de l'Océan, votre père, vous formiez des danses en l'honneur des Nymphes, soit

1. Comédie d'Aristophane.

qu'aux embouchures du Nil vous puisiez ses eaux dans des urnes d'or, soit enfin que vous résidiez aux Palus-Méotides ou sur l'orageux rocher du Mimas; exaucez mes prières et accueillez favorablement ce sacrifice.

« *Chœur de Nuées.* — Nuées éternelles, du sein retentissant de l'Océan, notre père, élevons-nous, en vapeurs légères et transparentes, sur les sommets boisés des hautes montagnes, afin de contempler au loin l'horizon montueux, la terre sacrée, féconde en fruits, le cours des fleuves, et la mer, dont les vagues se brisent avec fracas. Car l'œil des cieux brille éternellement d'une éclatante lumière. Dissipons ces brouillards obscurs qui nous enveloppent, et montrons-nous à la terre dans notre immortelle beauté. »

Le charme de cette poésie tient autant à la vérité qu'à la beauté des images. Mais le court aperçu météorologique que donne ensuite Aristophane, d'après les théories de son époque, est un exemple des erreurs qui devaient suivre l'observation, lorsqu'elle n'était pas basée, comme aujourd'hui, sur la connaissance des lois physiques dont nous allons indiquer l'influence.

### Formation des nuages et brouillards.

La formation des brouillards ou des nuages est due à la présence de la vapeur d'eau dans un air humide et plus froid que le sol, où cette vapeur devient visible, exactement comme celle qui s'élève au-dessus de l'eau bouillante. Les petits corps dont le brouillard se compose sont des sphérules creuses, semblables aux bulles de savon, ou des gouttelettes d'eau dont le diamètre, qu'on a pu mesurer sous le microscope, est plus petit pendant l'été que pendant l'hiver. Ce diamètre augmente aussi dès que la pluie menace.

Les brouillards étant, en général, la suite du refroidissement de l'atmosphère et du mélange de deux courants d'air d'inégale température chargés d'humidité, on les voit surtout se former le matin et le soir, principalement pendant l'automne, au-dessus des rivières et des lacs, dont l'eau est alors beaucoup plus chaude que l'air.

La formation des vapeurs est d'autant plus abondante que l'air est plus humide. Kaemtz[1] cite, à ce sujet, une observation faite pas les anciens sur le volcan de Stromboli : « Lorsque ce volcan est couvert d'un nuage, les habitants des îles Lipari savent qu'il pleuvra bientôt; mais cela ne tient pas, comme ils le croient, à ce que le volcan est plus actif avant la pluie; cela vient de ce que l'air chargé de vapeur d'eau ne peut pas dissoudre complétement celle qui s'échappe du cratère. »

Des colonnes de brouillard s'élèvent parfois de certains points, où la nature du sol et la végétation donnent lieu à une évaporation plus active. Après de fortes pluies, et quand le soleil vient à briller, on voit ces brouillards apparaître sur les pentes des montagnes, où le terrain, presque toujours, est alternativement aride et boisé, suivant les ondulations et les accidents de la pente.

Le même phénomène se produit en Suisse au-dessus des lacs dont la température est plus ou moins

1. *Cours de météorologie*, traduit et annoté par Ch. Martins.

élevée, selon que les affluents qu'ils reçoivent proviennent ou non de la région des neiges éternelles.

Les brouillards se forment aussi dans des circonstances qui ne sont différentes qu'en apparence; par exemple, au moment du dégel, quand l'air, chargé d'humidité, se mêle à l'air plus froid qui est en contact avec la glace dont les eaux sont encore couvertes. La même cause produit les brouillards d'été, sur les rivières, surtout après les pluies d'orage.

### Influence des courants marins.

Les courants marins à température élevée, tels que le Gulf-stream, amènent de fréquents brouillards sur les côtes plus froides qu'ils baignent. Les brumes épaisses de Terre-Neuve et des Iles-Britanniques proviennent de cette influence, qu'on a pu constater en d'autres régions, aux îles Aléoutiennes, par exemple, placées sur la grand route du courant tiède, analogue au Gulf-stream, qui traverse le Pacifique nord.

Le lieutenant de Haven, de la marine des États-Unis, pendant son expédition à la recherche de sir John Franklin, aperçut à l'extrémité nord du canal de Wellington un épais banc de brume, immobile et flottant, un *ciel d'eau* (*watervsky*) s'élevant, selon toute apparence, au-dessus de la mer polaire, découverte en 1854 par le docteur Kane, et dont les eaux libres sont attiédies par le courant sous-marin dont on a pu constater l'existence dans le détroit de Davis.

### Brouillards extraordinaires.

Les brouillards ont quelquefois une étendue et une densité extraordinaire. En 1821 et 1822 on observa en France et en Angleterre des brouillards de cette nature, tellement denses qu'on pouvait regarder le soleil à l'œil nu. Un brouillard semblable couvrit presque toute l'Europe, pendant près d'un mois, en 1785.

On lit dans le *Journal du règne de Henri III* : « Le dimanche vingt-quatrième janvier 1588, s'éleva sur cette ville de Paris et aux environs un si espais brouillard, principalement depuis midi jusqu'au lendemain, qu'il ne s'en est veu de mémoire d'homme un si grand : car il estoit tellement noir et espais, que deux personnes cheminans ensemble par les rues ne se pouvoient voir, et estoit-on contraint de se pourvoir de torches pour se reconnoistre, encore qu'il ne fust pas trois heures. Furent trouvés tout plein d'oyes sauvages et autres animaux volans en l'air, qui estoient tombés en des cours de maisons tout estourdis, qui volans s'estoient frappés contre les maisons et cheminées. »

Un officier russe, M. Berg, parle d'une espèce de brouillard qui paraît sortir de la mer dans les temps orageux, et qu'il nomme *fumée*. Nous avons été plusieurs fois témoins de ce phénomène, qu'il faut peut-être attribuer en partie à l'action de l'électricité. M. Peltier, dans un de ses savants mémoires, distingue les brouillards en brouillards simples ou non électriques, et en brouillards électriques. Il explique l'état de ces derniers par les influences combinées de la terre et des hautes régions de l'atmosphère. On a d'ailleurs constaté qu'il se développe constamment du fluide électrique dans l'air qui entoure les cascades où l'eau est incessamment réduite en fine poussière ; et ce phénomène remarquable pourrait conduire à mieux déterminer l'influence incontestable de l'électricité atmosphérique sur la formation des météores aqueux.

On a observé des brouillards lumineux. Dans une lettre à M. Élie de Beaumont[1], M. Wartmann, de Genève, a décrit un de ces étranges météores, qui persista pendant neuf nuits successives, du 18 au 26 novembre 1859. La lune nouvelle, cachée sous l'horizon, ne pouvait contribuer au phénomène. Le brouillard, très-opaque, n'était cependant pas assez humide pour mouiller la terre. Il répandait assez de lumière pour permettre de distinguer les menus objets dans l'intérieur d'un appartement. Une personne qui se rendait à pied de Genève à Annemasse, en Savoie, le 22 novembre, rapporta qu'elle voyait son chemin, pendant la nuit, aussi bien que dans un clair de lune.

Les brouillards lumineux phosphorescents sont généralement des brouillards secs, tels que ceux de 1783 et de 1831, sur lesquels nous aurons à revenir dans la description des météores ignés.

Certains brouillards, qui se forment au-dessus des plaines marécageuses, répandent une odeur particulière, provenant probablement des miasmes qu'ils contiennent et qu'ils transportent.

Dans les contrées où les pluies sont rares, à Lima, par exemple, et sur toute la côte environnante, des brouillards dus à des circonstances locales se maintiennent quelquefois pendant une partie de l'année; ils humectent le sol et entretiennent la fraîcheur de la végétation.

On voit souvent des brouillards se former au-dessus

1. Comptes rendus de l'Académie des sciences, 25 décembre 1859.

des bas-fonds, où l'eau est presque toujours plus froide et détermine l'apparition des vapeurs de l'atmosphère. Humboldt rapporte que dans la mer du Sud les contours de ces brouillards reproduisent parfois exactement la forme des bas-fonds.

On n'observe jamais de brouillards dans les déserts, où l'air très-sec dissout entièrement la vapeur d'eau qu'il renferme.

### Apparence et mouvements des nuages.

L'apparence et les mouvements des nuages, dont la formation est due aux mêmes causes qui produisent les brouillards, sont au nombre des principaux indices qui peuvent nous annoncer les changements amenés dans l'océan aérien par les variations de la tension électrique, de la température et de l'humidité.

Les sommets des montagnes sont souvent enveloppés de nuages, produits par l'air humide, par la vapeur d'eau qui se condense à mesure qu'elle s'élève vers ces froides régions. On voit très-fréquemment ces nuages se dissiper à mesure qu'ils s'éloignent des cimes et qu'ils rencontrent des courants d'air d'une température plus élevée.

« Souvent, dit Kaemtz, de sombres nuages, passant rapidement sur l'hospice du Saint-Gothard, se précipitent en masses lourdes dans la gorge profonde du val Tremola. On pourrait croire qu'en peu d'instants la Lombardie tout entière va être ensevelie sous un épais brouillard ; mais à la sortie du val Tremola, il est déjà dissous par les courants chauds ascendants. »

Pendant la durée des vents très-violents, on voit, par suite de circonstances semblables, des nuages rester attachés aux pics des chaînes montagneuses, dans une apparente immobilité, tandis qu'autour de ces pics les intervalles restent clairs.

L'apparition de nuages remarquables, suspendus aux sommets des grandes montagnes, annonce quelquefois des tempêtes, toujours précédées par des variations atmosphériques que l'observation des signes naturels peut apprendre à reconnaître. Ainsi, les habitants du cap de Bonne-Espérance pronostiquent les ouragans du sud-est, si redoutables dans ces parages, lorsqu'un nuage compacte, d'une couleur de plomb, se forme autour des cimes de leurs montagnes, et principalement sur la montagne de la Table.

### Nuages de glaçons.

Les brouillards qui se forment à la surface de la terre, au fond des vallées ou sur les hauteurs, deviennent des nuages lorsque, entraînés par des courants ascendants, ils s'élèvent et restent suspendus dans l'atmosphère. Les nuages se forment aussi directement dans l'air, par la rencontre de deux vents humides d'inégale température, ou par la condensation de vapeurs abondantes qui s'élèvent vers les régions froides de l'atmosphère.

Il existe souvent plusieurs couches de nuages superposées, et en général elles sont d'autant plus élevées qu'elles sont plus blanches.

La température des régions que les nuages atteignent peut être à plusieurs degrés au-dessous de zéro, et l'on comprend qu'ils soient alors composés de particules glacées, semblables aux fines aiguilles des vapeurs qui s'élèvent en flocons pendant les froids rigoureux et qu'on voit briller au soleil.

Nous citerons à ce sujet une observation qui intéresse au plus haut degré la météorologie, et que nous trouvons relatée dans une remarquable leçon[1] professée à la Société chimique de Paris par un de nos savants et courageux expérimentateurs, M. J. A. Barral :

«... Lorsqu'en 1850 (27 juillet), mon ami, M. Bixio et moi, fûmes assez heureux pour nous faire transporter par un aérostat un peu au delà de la couche où le ballon de Gay-Lussac était arrivé en 1804, on s'étonna que, dans un air violemment troublé et au sein d'un vaste nuage de glaçons, nous eussions trouvé, à l'aide d'instruments nombreux et délicats gradués par M. Regnault, — 39°,7, c'est-à-dire la température de la solidification du mercure, là même où Gay-Lussac avait seulement observé dans un air calme et par un ciel pur, — 9°,5. La surprise ne reposait que sur une mauvaise interprétation des faits antérieurement constatés. On doit admettre aujourd'hui que dans les dernières régions de l'atmosphère où les hommes soient parvenus, il y a dans la température de l'air des variations considérables aussi bien qu'à la surface de la terre. Chose non moins remarquable, en plein été, des nuages d'une épaisseur de plus de quatre mille mètres, composés d'un nombre infini de petites aiguilles de glace, peuvent courir au-dessus de nos têtes avec une vitesse d'au moins cinquante kilomètres à l'heure. Dans les régions où règne un éternel silence, et où a cessé toute vie, se condensent avec les dernières molécules

1. *De l'influence exercée par l'atmosphère sur la végétation.*

aqueuses qui se sont élevées du sein de la terre et des nues, les matières innombrables que l'on a appelées les immondices de l'atmosphère; ces matières retombent avec les pluies, la grêle, la neige, à la surface de notre planète; là elles se disséminent et elles vont porter jusque sur les roches les plus arides les éléments nécessaires à la vie des plantes, qui peuvent ainsi se multiplier sous presque toutes les latitudes, quel que soit le sol où tombe une semence. Les couches aériennes inférieures qui baignent la surface de l'écorce solide de notre globe et la surface deux fois plus étendue des mers, après s'être chargées de matériaux divers, se dilatent par l'échauffement, et montent jusqu'à ce que le refroidissement qu'elles éprouvent à de grandes hauteurs les fassent retomber. Un va-et-vient perpétuel se produit dans cette tranche atmosphérique de sept kilomètres d'épaisseur que nous avons pu sonder. La pluie, la neige se forment, et, emportées par les vents des lieux qui ont vu naître l'embryon du premier nuage, elles vont féconder des plaines lointaines en les arrosant d'une eau saturée d'air nouveau. »

En Angleterre, les dernières ascensions d'hiver d'un savant aéronaute, M. Glaisher, ont permis de reconnaître, à une élévation où la température avait été très-basse pendant les ascensions d'été, un courant d'air chaud, épais de 700 mètres, chargé de vapeur, et qui, peu de temps après, s'abaissant sur la ville de Londres, la plongeait dans un brouillard intense.

Ces curieuses observations tendent à prouver que les hautes régions de l'atmosphère sont parcourues, comme les profondeurs de l'Océan, par de grands courants d'inégale température, qui contribuent sans doute aussi à l'entretien d'un système général de circulation aérienne, et qui, s'abaissant parfois jusqu'à la surface de la terre, y produisent les grands changements de température que l'observation des météores nous permettra peut-être un jour de prévoir avec une suffisante exactitude.

### Formes des nuages.

Les causes qui déterminent la forme des nuages, leur couleur, leur élévation, ne sont pas encore bien connues. La double action des courants d'air chaud qui s'élèvent de la terre pendant le jour et des courants horizontaux, peut faire comprendre la suspension dans l'atmosphère de vapeurs visibles, plus lourdes que le milieu dans lequel elles flottent. Suivant Fresnel, la chaleur solaire, absorbée dans le sein des nuages, en fait une espèce d'aérostat, qui s'élève d'autant plus que la température est plus haute. C'est par suite de ces influences que généralement les nuages sont plus élevés à midi que vers le soir.

M. Jamin[1] a montré que les particules aqueuses dont l'ensemble constitue un nuage sont à l'état de gouttelettes pleines, et que, lorsque le rayon de ces gouttelettes est suffisamment petit, c'est assez d'un effort très-peu considérable pour les soutenir dans l'atmosphère. Cet effort est toujours réalisé par les déplacements que l'air subit constamment.

Un savant physicien et météorologiste anglais, Howard, a le premier distingué dans les nuages quatre formes principales : *Cirrus*, *Stratus*, *Nimbus*, *Cumulus*[2].

1. Cours professé à la Sorbonne.
2. *An Essay on the modifications of clouds, and on the principles of their production, suspension and destruction.* Londres, 1802.

Les cirrus sont les nuages déliés et transparents qui ressemblent à des plumes légères et qui se maintiennent toujours à une grande élévation. On les voit souvent disposés en bandes parallèles, en filaments dirigés du sud au nord, paraissant diverger d'un point de l'horizon et converger vers le point diamétralement opposé. « Plusieurs météorologistes dit M. Ch. Martins, Howard, Forster, Peltier, croient que ces cirrus servent de conducteurs entre deux foyers lointains d'électricité de nom contraire dont les fluides tendent à se recom-

Formes des nuages. — Cirrus ou queues de chat.

poser, et que la flexibilité des nuages conducteurs finit par leur donner la forme rectiligne nécessitée par la condition du plus court chemin d'un foyer à l'autre. » La blancheur des cirrus provient des particules glacées, des flocons de neige dont ils sont composés. Leur apparence leur a fait donner les noms de *queues de chat*, *queues de cheval*, *arbres de vent*. Ils annoncent presque toujours un changement de temps.

Le stratus est la longue bande horizontale de nuages,

couleur de fumée, à contours vagues, qui s'étend souvent à l'horizon au coucher du soleil, et qu'on voit se

Stratus.

former, dans les belles soirées d'été, au-dessus des eaux et des prairies humides. Ces bandes nuageuses peuvent être assez épaisses et assez étendues pour couvrir le ciel, mais elles ne donnent pas de pluie.

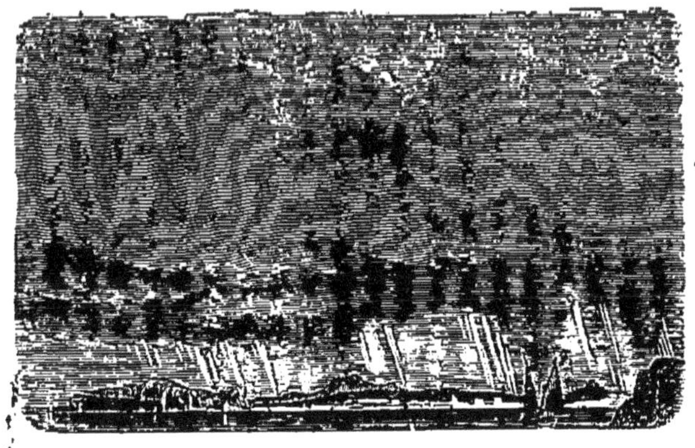

Nimbus.

Le nimbus est un amas de nuages noirs et denses, à bords frangés, qui annonce la pluie ou l'orage. Un nuage quelconque, se résolvant en pluie, se transforme toujours alors en nimbus.

Les cumulus sont les nuages de beau temps; leur blancheur, qui contraste avec l'azur du ciel, leurs formes arrondies en demi-sphère, leurs contours bien définis, les rendent aisément reconnaissables. Accumulés à l'horizon, ils prennent souvent l'apparence de hautes montagnes neigeuses, et lorsqu'on les voit s'obscurcir, en même temps que la couche inférieure s'allonge en stratus, on doit s'attendre à de la pluie.

Cumulus.

Le grand poëte qui fut aussi un naturaliste éminent, Gœthe, nous a laissé de remarquables aperçus sur la météorologie. Nous citerons ici un passage de la savante étude[1] qui vient de compléter l'excellente traduction de M. Charles Martins[2]:

« Lorsque Gœthe eut connaissance de la doctrine de

1. *OEuvres scientifiques de Gœthe*, analysées et appréciées par Ernest Faivre, professeur à la Faculté des sciences de Lyon.

2. *OEuvres d'histoire naturelle de Gœthe*, traduites par Ch. Martins.

Howard, il se hâta d'en vérifier les principes, et entreprit, dans ce but, une suite d'observations. Ces observations ont principalement été faites pendant le cours d'un voyage en Bohême, du 23 avril 1820 au 28 mai de la même année; elles sont accompagnées de considérations générales sur lesquelles nous devons appeler un instant l'attention.

« Gœthe distingue, avec plusieurs météorologistes, trois régions dans l'atmosphère: la plus élevée se caractérise par sa sécheresse; elle tend à absorber l'humidité des régions plus basses; dans cette région, le ciel est clair ou couvert de quelques nuages disposés en cirrus. Gœthe n'a pas fait la remarque que, dans les hauteurs glacées de l'atmosphère, la vapeur se convertit en neige, et que les cirrus sont des amas de flocons neigeux. A la région intermédiaire appartiennent les cumulus, dont les formes bizarres et changeantes sont devenues, chez les habitants des montagnes, la source de superstitieuses croyances; au-dessous des cirrus et des cumulus s'étendent les stratus, qui occupent la plus basse région de l'atmosphère.

« Les régions basses et les régions élevées sont dans un état de conflit perpétuel: tantôt la région supérieure l'emporte, et les cumulus dissociés s'élèvent et se dissipent sous forme de flocons; tantôt, au contraire, la région inférieure est plus puissante: le cumulus s'allonge en stratus, et l'amas de nuages devient un nimbus chargé de pluie. La formation des nuages peut suivre une marche opposée: d'épais brouillards s'élèvent de la terre sous forme de stratus allongés; ils se groupent alors en épais cumulus ou se dissocient pour produire des cirrus. Gœthe insiste sur ce conflit des hautes et basses régions de l'atmosphère; il croit avoir remarqué que les vents de l'est et du nord concordent avec l'action des régions supérieures, ceux de l'ouest et du sud avec l'action des régions inférieures. »

**Production des nuages dans les zones tempérées.**

L'éminent météorologiste, M. Renou, analyse dans sa *Théorie de la pluie*[1] ce qui se passe le plus fréquemment chez nous, en fixant les idées par un exemple bien choisi : « Supposons, dit-il, que, par un temps clair dans nos contrées, la température soit de 12° dans le milieu du jour et l'humidité relative à 85°, le point de rosée sera à 3°5, c'est-à-dire que l'air refroidi jusqu'à 3°5 arriverait au point de saturation. Le courant ascendant, produit par l'insolation, fait monter l'air échauffé par masses ondulantes, irrégulières, contrariées dans leur mouvement par le mouvement contraire de masses équivalentes, ou presque équivalentes d'air froid des régions supérieures de l'atmosphère. Cet air chaud, dont le mouvement ascensionnel est visible à l'œil nu, s'élève à une hauteur d'autant plus grande que l'insolation est plus forte, que le baromètre est plus bas et que sa baisse se fait plus rapidement. Arrivé vers 1000 mètres de hauteur, l'air prend, par le fait de son expansion, une température de 3°5, c'est-à-dire qu'il arrive au point de saturation ; il se trouble et donne naissance à des cumulus, dont la base déterminée par une condition physique bien nette est formée par une surface horizontale, mais dont la tête forme des mamelons qui s'élèvent d'autant plus que le courant ascendant est plus énergique.

1. *Annuaire de la Société météorologique*, t. XIV.

« Ce mouvement s'arrête au moment de la plus grande chaleur du jour; les nuages restent quelque temps stationnaires; puis un mouvement inverse se produit : les masses d'air redescendent, s'échauffent par le fait de leur contraction résultant de leur plus grande pression et par le voisinage d'un sol échauffé par le soleil; la vapeur d'eau se dissout de nouveau et les nuages disparaissent. L'air devenu serein peut descendre au-dessous du point de saturation, mais le sol se refroidissant plus que l'air, condense la vapeur avant que l'air soit arrivé à ce terme; c'est ce que j'ai souvent observé et ce que confirme d'ailleurs la marche diurne de la tension de la vapeur d'eau : vers dix heures du soir la tension diminue rapidement dans toute la hauteur de l'atmosphère quoique l'air soit assez loin de la saturation. Il y a donc précipitation de vapeur sans que l'air soit saturé, et même quand son degré d'humidité relative n'atteint que 75 ou même un degré moindre. Cet effet de condensation, d'extraction de la vapeur du sein de l'air qui la tenait en dissolution est naturellement d'autant plus marqué que le sol est plus sec; quand il est déjà humide, soit par suite de pluies précédentes, soit par la nature du sol, le voisinage de ruisseaux et surtout de marais, le refroidissement total produit des brouillards locaux de quelques mètres de hauteur. »

**Distribution des nuages — Cloud-ring.**

La distribution des nuages dans les différentes régions du globe est connue par des observations trop incomplètes pour qu'on puisse en déduire des lois générales. Cette distribution est d'ailleurs évidemment en rapport avec la quantité de pluie tombée dans chaque région, et nous résumerons bientôt les données recueillies jusqu'ici sur cette partie de la météorologie, qui se rattache si directement à la culture, à la fertilité du sol.

Cette fertilité n'est pas due seulement à l'action bienfaisante de la pluie qui arrose nos champs, ni à la neige qui les protége pendant l'hiver. Les nuages, en s'étendant au-dessus de la terre, lui conservent sa chaleur ou la protégent contre la sécheresse, et, comme l'a très-bien fait observer Maury[1] : « quand leur tâche est accomplie en un point, les vents les transportent ailleurs pour y remplir le même rôle régulateur. »

C'est dans la zone des calmes équatoriaux qu'on peut surtout apprécier cette influence des nuages sur le climat et sur les productions végétales. Tandis que dans la région des alizés, au nord et au sud de l'équateur, le ciel est généralement clair ou semé de légers nuages, on voit au contraire, en approchant de la zone des calmes, le ciel s'obscurcir et se couvrir d'épaisses vapeurs, provenant des masses d'air saturées d'humidité que les alizées amènent incessamment dans cette zone. Le dais de nuages ainsi formé s'étend autour de la terre comme un anneau (*Cloud-ring*), qui, suivant la saison, se transporte du nord au sud et du sud au nord dans certaines limites, protégeant alternativement contre l'ardeur du soleil les divers parallèles qu'il couvre, et y ramenant la pluie à des époques déterminées.

1. *Physical geography of the sea and its meteorology*, by M. F. Maury, 9e édition.

### Relation de la vapeur d'eau avec le rayonnement.

Le rôle de la vapeur d'eau dans l'atmosphère donne lieu à d'intéressantes remarques, par suite de la grande puissance d'absorption qu'elle possède par rapport aux rayons calorifiques. M. Tyndall a montré que la vapeur d'eau de l'air à Londres exerce une absorption égale à soixante-dix fois celle de l'air dans laquelle cette vapeur est répandue. Non-seulement elle devient ainsi très-apte à transporter la chaleur des mers vers les continents, empruntant aux climats abondamment pourvus ce qui manque aux climats moins favorisés, mais elle se répand encore dans le ciel pour servir de manteau à la terre pendant l'été. « Parmi les résultats si importants que le professeur Tyndall a tirés de ses expériences sur le rayonnement, se trouve, dit Maury [1], une découverte relative aux parfums de nos fleurs, qui ont le pouvoir d'arrêter la déperdition de la chaleur rayonnante, et cela beaucoup mieux que l'atmosphère elle-même. Cette découverte apparaît comme une perle de la plus belle eau. Nous y voyons l'essence de la poésie. Elle nous crée, au jardin, une douce compagnie pendant les nuits silencieuses, et unit par un lien sympathique la fleur des champs aux plus pures affections du cœur humain. Quand les gouttes de rosée commencent à tomber, nous nous souvenons que la terre commence aussi à se refroidir. Ce rayonnement du sol surpasse l'action calorifique du jour, et c'est alors que la violette répand ses doux parfums, qui forment autour d'elle un abri contre le froid

1. *Géographie physique.* Collection Hetzel.

de la nuit. Le lis de la vallée, la rose avec les autres fleurs étalent aussi d'invisibles dais pour arrêter et concentrer la chaleur. Le jasmin d'Arabie, au parfum si pénétrant, le splendide magnolia, ajoutent de larges couches odorantes pour aider leurs modestes voisines à se garantir du refroidissement. Chaque partie de la science physique nous révèle l'universelle parenté de la nature, les liens, les rapports de l'homme et de tous les êtres vivants avec la végétation terrestre, qui elle-même tire toutes ses forces de la chaleur et de la lumière du soleil. »

### Influence des montagnes. — Spectre du Brocken.

Nous avons déjà parlé de l'influence qu'exercent les montagnes sur la condensation des vapeurs. M. de Gasparin, dans sa Météorologie agricole[1], cite à ce sujet une remarquable observation. « On sait que le détroit qui mène dans le port de Plymouth est limité à l'est et à l'ouest par deux caps couverts de bois. J. Harvey a remarqué qu'un nuage dense et bien circonscrit, venant de l'ouest, disparaissait en passant sur la mer, et se reformait en atteignant le cap opposé. »

L'abondance des nuages dans les pays de montagnes, leurs formes capricieuses, souvent étranges, n'ont pas seulement fourni de belles images au génie des poëtes. Les traditions populaires nous montrent que ces phénomènes naturels ont été longtemps la source de superstitions qui ne sont pas encore entièrement détruites. Ainsi, dans certaines parties des Vosges, les noires traînées de nuages qui se déroulent

1. *Cours d'agriculture*, t. II.

en tourbillonnant dans les gorges des montagnes, à l'approche des bourrasques, inspirent encore la crainte, comme un signe de la présence des mauvais esprits, qui passent avec la rafale.

Un phénomène merveilleux, le spectre du Brocken, a été longtemps aussi expliqué par le fait d'une intervention surnaturelle. La meilleure description de ce phénomène est celle qu'en a donnée M. Hane, qui en fut témoin le 25 mai 1797[1]. « Après être monté plus de trente fois au sommet de la montagne, il eut le bonheur de contempler l'objet de sa curiosité. Le soleil se levait à environ quatre heures du matin par un temps serein ; le vent chassait devant lui, à l'ouest, vers l'Achtermannshohe, des vapeurs transparentes qui n'avaient pas encore eu le temps de se condenser en nuages. Vers quatre heures un quart, le voyageur aperçut, dans la direction de l'Achtermannshohe, une figure humaine de dimensions monstrueuses. Un coup de vent ayant failli emporter le chapeau de M. Hane, il y porta la main, et la figure fit le même geste. M. Hane fit immédiatement un autre mouvement, en se baissant, et cette action fut reproduite par le spectre. Une autre personne vint alors rejoindre M. Hane, et tous deux s'étant placés sur le lieu même d'où l'apparition avait été vue, ils dirigèrent leurs regards vers l'Achtermannshohe, mais ne virent plus rien. Peu après, deux figures colossales parurent dans la même direction, reproduisirent les gestes des deux spectateurs, puis disparurent. Elles se remontrèrent peu de temps après, accompagnées d'une troisième. Quelquefois les figures étaient faibles et mal déterminées ; dans

1. *Magasin pittoresque*, t. I.

d'autres moments, elles offraient une grande intensité et des contours nettement arrêtés. On a deviné que le phénomène était produit par l'ombre des observateurs projetée sur un nuage. La troisième image était sans doute due à une troisième personne placée derrière quelque anfractuosité de rocher. »

Pendant son voyage avec La Condamine dans les Cordillères, Bouguer[1] fut témoin d'un phénomène semblable au sommet du Pambamarca : « Ce qui nous étonna, dit-il, c'est que la tête de l'ombre était ornée d'une auréole formée de trois ou quatre petites couronnes concentriques d'une couleur très-vive, chacune avec les mêmes variétés que le premier arc-en-ciel, le rouge étant en dehors. C'était comme une espèce d'apothéose pour chaque spectateur; et je ne dois pas manquer d'avertir que chacun jouit tranquillement du plaisir de se voir orné de toutes ses couronnes, sans rien apercevoir de celles de ses voisins. »

Kaemtz a vérifié le même fait sur les Alpes. Dès que l'ombre était projetée sur un nuage, la tête se montrait entourée d'une auréole lumineuse. Scoresby, dans les régions polaires, Ramond, dans les Pyrénées, de Saussure ont observé et décrit avec détail ce curieux phénomène, connu sous le nom d'*anthélie*.

Il se manifeste quelquefois dans des circonstances plus ordinaires, au lever et au coucher du soleil, quand des brouillards reposent sur la terre. Souvent la figure aérienne, dont la tête est presque toujours entourée de rayons lumineux, n'est pas plus grande que nature. On comprend que de telles apparitions aient pu donner

1. Membre de l'Académie des sciences, envoyé à l'équateur avec La Condamine pour mesurer un degré terrestre.

Spectre du Brocken.

lieu aux légendes qu'on retrouve en diverses contrées, surtout dans les pays montagneux, où les hautes cimes, couronnées de nuages aux contours changeants, aux couleurs variées, ont joué un si grand rôle dans la formation des mythes religieux.

Quant le soleil est à l'horizon, on peut voir aussi en se plaçant près d'un chemin de fer, les ombres des poteaux télégraphiques apparaître sur la traînée de blanche vapeur qui sort de la locomotive et flotte au-dessus du convoi. Souvent encore les aéronautes aperçoivent l'image agrandie de leur ballon sur les nuages des hautes régions qu'ils traversent. C'est toujours un phénomène semblable à celui qu'on observe sur le Brocken.

### L'ombre du mont Blanc.

Lorsqu'on se trouve placé au sommet d'une très-haute montagne, l'ombre que projette le soleil, à son coucher, se dirige vers le ciel, et produit quelquefois un magnifique phénomène, observé par MM. Bravais et Martins, dans une de leurs excursions scientifiques au mont Blanc. M. Bravais en a donné la description suivante :

« Le soleil approchant de l'heure de son coucher, nous jetâmes les yeux du côté opposé à l'astre, et nous aperçûmes, non sans quelque étonnement, l'ombre du mont Blanc qui se dessinait sur les montagnes couvertes de neige de la partie est de notre panorama. Elle s'éleva graduellement dans l'atmosphère, où elle atteignit la hauteur d'un degré, restant encore parfaitement visible.

« L'air, au-dessus du cône d'ombre, était teint de ce

rose pourpre que l'on voit, dans les beaux couchers de soleil, colorer les hautes cimes ; le bord de cette teinte offrait une zone plus intense, et cette bordure continue rehaussait l'éclat du phénomène.

« Que l'on imagine maintenant les montagnes de la grande vallée d'Aoste projetant, elles aussi, à ce même moment, leur ombre dans l'atmosphère, la partie inférieure sombre avec un peu de verdâtre, et au-dessus de chacune de ces ombres la nappe rose purpurine avec la ceinture rose foncée qui la séparait d'elles ; que l'on ajoute à cela la rectitude du contour des cônes d'ombre, principalement de leur arête supérieure, et enfin les lois de la perspective faisant converger toutes ces lignes l'une sur l'autre, vers le sommet même de l'ombre du mont Blanc, c'est-à-dire au point du ciel où les ombres de nos corps devaient être placées, et l'on n'aura encore qu'une idée incomplète de la richesse du phénomène météorologique qui se déploya pour nous pendant quelques instants. Il semblait qu'un être invisible était placé sur un trône bordé de feu, et que, à genoux, des anges aux ailes étincelantes l'adoraient, tous inclinés vers lui. A la vue de tant de magnificence, nos bras et ceux de nos guides restèrent inactifs, et des cris d'enthousiasme s'échappèrent de nos poitrines. J'ai vu les belles aurores boréales du Nord avec leurs couronnes zénithales aux colonnes diaprées et mobiles, que nos plus beaux feux d'artifice ne sauraient égaler par leurs effets ; mais la vue de l'ombre du mont Blanc me paraît plus grandiose encore. »

# III

## PLUIE, NEIGE ET GRÊLE.

Rosée. — Gelée blanche. — Distribution des pluies sur le globe. — Grandes pluies de l'Inde. — Régions sans pluie. — Influence des forêts. — Adoucissement des climats. — Formes de la neige. — Fleurs sous la neige. — Les glaciers et les fleuves. — Grêle.

### Rosée et gelée blanche.

La rosée, ce dépôt de limpides gouttelettes que la lumière du matin fait briller sur le feuillage comme des perles et des diamants, a pour cause la condensation de la vapeur atmosphérique sur des substances suffisamment refroidies pendant la nuit par le rayonnement ou la perte de la chaleur à travers l'air. Un médecin anglais, le docteur Wells, donna le premier cette explication après un grand nombre d'expériences.

Un flocon de laine très-sec, pesant 10 grains, placé sous une planche à quatre supports, n'augmenta son poids que de 2 grains d'humidité, tandis qu'un flocon semblable, placé au-dessus, gagna 14 grains, et un autre, déposé sur l'herbe, 16 grains. Des thermomètres substitués aux flocons s'abaissèrent le plus au point où la rosée tombait abondamment. D'un autre côté, les corps qui perdent difficilement la chaleur, comme les métaux, restaient secs, pendant qu'à côté d'eux des substances à grand pouvoir rayonnant se couvraient de rosée. Un ciel clair était favorable au refroidissement et par conséquent au dépôt de la rosée ; il suffisait du passage d'un nuage, qui rendait chaleur pour chaleur, pour arrêter le phénomène. Enfin, on a observé qu'il se formait moins de rosée dans le fond des vallées qu'au sommet des collines, d'où l'on aperçoit une plus grande étendue de ciel libre.

Quand le rayonnement nocturne fait descendre la température des corps au-dessous du zéro du thermomètre, la vapeur d'eau se condense en glace et on a la *gelée blanche* au lieu de la rosée. Une coutume de l'Inde peut donner une idée de la puissance de ce refroidissement. On s'y procure habituellement de la glace en plaçant dans un lieu découvert, pendant des nuits très-claires, des jattes peu profondes remplies d'eau et isolées de la chaleur terrestre par une couche de paille peu tassée. Dans ces conditions on a vu la température de l'eau s'abaisser de 17 degrés.

Afin de préserver les plantes des effets désastreux de ces gelées, il suffit de disposer un abri horizontal à 2 mètres environ au-dessus du sol pour empêcher le rayonnement. En plein champ, pendant les nuits claires de la fin d'avril ou du commencement de mai, le froid détruit souvent les bourgeons des végétaux. La lune brille alors dans le ciel serein, mais si elle est cachée par les nuages on n'observe aucune désorganisation.

La *lune rousse* est ainsi expliquée. On accuse l'astre bien à tort dans nos campagnes ; c'est seulement la sérénité du ciel qui est la cause d'un nuisible refroidissement et, par suite, de la perte des récoltes.

**Distribution des pluies sur le globe.**

Le rafraîchissement que les brouillards et la rosée procurent aux plantes n'est que momentané. Une humidité beaucoup plus abondante leur est nécessaire. Quoiqu'il y ait de très-fortes rosées en Égypte, on verrait bientôt toute la végétation disparaître si les inondations du Nil ne venaient suppléer à l'extrême rareté des pluies. Dans les années où le débordement est peu étendu, les portions de terrain qu'il n'a pas atteint restent stériles. Soit qu'ils craignent pour leurs champs l'excès d'humidité ou l'excès de sécheresse, les cultivateurs attachent en tout pays une grande importance à la pluie, à son abondance, à sa répartition entre les saisons de l'année.

Quelquefois la pluie tombe sans qu'il y ait de nuage, et par un ciel parfaitement pur. Diverses observations de ce genre sont citées par Humboldt et Arago. La nuit était sereine, dit un physicien de Genève, les étoiles brillaient de leur éclat ordinaire, quand une pluie formée de larges gouttes d'eau tiède tomba sur la ville pendant six minutes. Le même phénomène a eu lieu, d'après un observateur, à Constantine, en plein midi et sous un magnifique ciel bleu.

Mais, généralement, c'est après avoir passé par la forme nuageuse que l'humidité de l'atmosphère se précipite, et les indications du chapitre précédent donnent déjà les premiers éléments de la distribution géographique des pluies.

Nous avons d'abord la zone équatoriale enveloppée de son anneau de nuages, qui se forme non-seulement par les vapeurs des eaux chaudes de l'Océan que soulèvent de puissants courants ascendants, mais encore par celles que les vents alizés y apportent du nord et du sud. C'est une région où la pluie tombe tous les jours, et avec une très-grande abondance, le mélange des masses d air saturé avec les couches froides s'opérant continuellement sous un ardent soleil. On a cité des séries de calmes assez prolongés et accompagnés de pluies assez fortes pour que l'eau devînt douce à la surface de la mer. Le marin redoute ces parages où l'air tiède et lourd cause une invincible lassitude, et où de dangereuses maladies se développent. Les orages y sont tellement fréquents qu'il est rare de ne pas entendre le tonnerre grondant au-dessus des épais nuages, avec un retentissement semblable aux éclats de la foudre dans les montagnes. L'expression familière de *pot-au-noir*, qu'on trouve dans la bouche des matelots, est bien propre à peindre l'effet que produit cette zone sombre, après l'azur invariable du ciel des alizés.

Toute la vapeur dégagée dans cette immense chaudière équatoriale ne retombe pas en pluie au même lieu. Des courants atmosphériques supérieurs aux alizés la portent vers les deux pôles. Ils rencontrent la surface terrestre dans une région dont les limites varient avec la marche annuelle du soleil, comme celles de l'anneau de nuages équatorial, et qui est, en moyenne, placée sous les tropiques. Les lieux situés dans cette région ont des saisons de pluies périodiques qu'on appelle *hivernages*.

Dans nos latitudes tempérées le mélange des couches qui produit la pluie ne résulte plus des courants ascendants rencontrant l'air froid supérieur, mais de courants horizontaux dont la direction est généralement opposée. Cette pluie tombe à toutes les époques de l'année.

Au 60e degré de latitude on arrive à la zone circumpolaire, dans laquelle il ne pleut pas en hiver à cause de l'extrême rareté de la vapeur. Une atmosphère limpide s'étend sur l'immense couche de neige, et on ne voit se former des brouillards que dans les parages où la mer reste libre.

Si on compare le système de la circulation aqueuse sur le globe à un alambic dont le foyer serait placé à l'équateur, on voit que les régions extra-tropicales remplissent le rôle de condenseurs. Maury nous montre d'une manière saisissante les fonctions de cet admirable appareil. « On estime, dit-il, à 1m,5 la hauteur de la pluie qui tombe par année moyenne à la surface de notre globe. Ainsi donc, enlever chaque année à l'Océan assez d'eau sous forme de vapeur, pour couvrir la terre d'une enveloppe sphérique de 1m,5 d'épaisseur, transporter cette vapeur d'eau d'une zone à l'autre, la précipiter ensuite sous diverses formes en des points déterminés, aux époques voulues et dans des proportions convenables, telles sont les fonctions de la grande machine atmosphérique. L'eau vaporisée de la sorte étant principalement enlevée à la zone torride, dans cette seule zone l'atmosphère devra absorber une masse liquide de près de 5 mètres d'épaisseur et de 3000 milles marins de largeur, sur un développement de 24 000 milles, l'élever à la hauteur des nuages, enfin la redescendre à la surface de la terre, et cela chaque année! Quelle merveilleuse et puissante machine est cette atmosphère, et combien ses divers éléments doivent être harmonieusement balancés pour que ce travail, qui confond l'imagination, s'effectue sans que jamais le moindre dérangement se manifeste dans un ensemble de fonctions aussi complexes que variées! »

### Grandes pluies de l'Inde.

Les régions dans lesquelles règnent les moussons présentent un régime pluvial exceptionnel. Au mois d'avril, la saison des alizés du nord-est finit dans l'Inde. Les grands déserts de l'Asie centrale, échauffés par le soleil, exercent une sorte d'aspiration qui produit les moussons du sud-ouest. Tout chargés des vapeurs de l'océan Indien et de la mer d'Arabie, ces vents rencontrent à angle droit la chaîne des Ghattes et y déposent une quantité extraordinaire de pluie, qu'on a vue atteindre, d'après Johnston, le chiffre énorme de 37 centimètres dans un seul jour. Ils se dirigent ensuite vers l'Himalaya, où la température est encore plus basse que sur les sommets des Ghattes, et y abandonnent, sous forme de pluie et de neige, à peu près toute l'humidité dont ils sont chargés, d'où il résulte qu'en arrivant dans les déserts arides situés au delà de ces montagnes, il leur reste rarement assez de vapeur pour la formation des nuages. C'est dans l'Himalaya, à Cherrapondschi, qu'on a trouvé le maximum des pluies du globe, s'élevant à 17 mètres par an.

Grâce à ces pluies, la végétation prend dans l'Inde un prodigieux développement; mais elles sont accompagnées de fléaux de tout genre très-bien dépeints par M. de Warren[1].

1. *L'Inde anglaise.*

« Un calme suffocant, dit-il, qui règne surtout à la fin des chaleurs, précède la période de l'établissement de la mousson du sud. Avec la fin de mai arrivent les premiers orages, courts, mais d'une violence extrême. Le tonnerre se fait entendre au loin par intervalles, le soleil se couche dans un lit de nuages et des éclairs illuminent chaque soir tous les points de l'horizon. La pluie pendant une demi-heure tombe par torrents; au bout de quelques jours sa durée augmente, et vers la mi-juin elle règne exclusivement; s'il ne pleut pas, le ciel du moins se couvre tous les jours d'un rideau épais et menaçant. Il pleut quelquefois, surtout au mois de juillet, pendant trente et quarante heures consécutives, et ce n'est point en traits fins, brisés et presque imperceptibles comme dans nos climats, c'est généralement en lignes droites, parallèles, et souvent comme une nappe d'eau qui descend à la fois avec la fureur et l'impétuosité d'une cascade.

« Les chétives masures d'argile des malheureux natifs se détrempent sous cette avalanche continue, leurs toits s'écroulent et les ensevelissent, ou bien ils se trouvent exposés à toutes les intempéries de l atmosphère et périssent en grand nombre. C'est l'époque d'une immense misère qui n'épargne pas même les riches et les conquérants; les reptiles les plus odieux, inondés dans leurs gîtes, s'élancent à la surface de la terre et cherchent un abri parmi les habitations des hommes. De nombreuses variétés de couleuvres, de mille-pattes, de scorpions remontent vos escaliers, envahissent vos demeures et s'introduisent dans tous les appartements. Il est impossible de faire un pas dans sa chambre la nuit, sans lumière, sans s'exposer à une morsure qui peut être mortelle. Il faut se défier de tout ce que l'on touche ; un dard cruel peut vous assassiner au fond d'une botte ou dans la manche d'un habit. C'est pour quelque temps une vie d'alarmes et de contacts immondes ; mais ces ennuis ne sont point de longue durée : la mousson tire déjà à sa fin avec le mois d'août et expire dans les premiers jours de septembre. Les cinq mois qui vont suivre, jusqu'au commencement de février, sont délicieux et font oublier ceux qui précèdent : il y a du bonheur dans la simple existence, l'air est si frais et la nature si belle ! »

### Régions sans pluie.

Il y a des parties du globe où la pluie est pour ainsi dire inconnue. Telles sont les côtes du Pérou, et il est facile d'en découvrir la raison. Ce pays se trouve dans les parages des alizés du sud-est. Ces vents traversent l'Atlantique et s'y chargent de vapeurs qu'ils déposent ensuite dans leur trajet sur le continent américain, où la pluie alimente les sources du Rio de la Plata et les affluents sud de l'Amazone ; puis ils atteignent les cimes neigeuses des Cordillères dont la basse température achève de les dépouiller de l'humidité qu'ils peuvent encore contenir. On ne s'étonnera donc pas qu'ils soient secs et froids en descendant le versant oriental des Andes, et restent tels jusqu'à ce qu'ils rencontrent les eaux de l'océan Pacifique.

Une grande partie de l'Australie se trouve aussi dans les alizés du sud-est et devrait avoir, comme l'Amérique intertropicale du Sud dont nous venons de parler, d'importantes rivières ; mais c'est le contraire qui a lieu. Maury explique cette différence par les rapports qui existent entre la direction des vents et celle des côtes. « En Australie, dit-il, la côte orientale court dans la direction des alizés, tandis qu'elle est perpendiculaire à cette direction dans l'Amérique du Sud; par suite, en Australie, ces vents ne font, pour ainsi dire, que franger la côte de leurs vapeurs, et dispensent avec tant de parcimonie la pluie à cette terre altérée que les arbres, pour conserver le peu d'humidité qui leur est départie, sont obligés d'orienter dans le sens des rayons solaires leurs feuilles qui, présentées normalement à ces rayons, seraient trop promptement desséchées. Au contraire, en Amérique, où les vents soufflent perpendiculairement à la ligne du rivage, et font pénétrer jusqu'au cœur du pays l'humidité dont ils sont imprégnés, on voit les feuilles rechercher, pour ainsi dire, les rayons du soleil et se présenter à eux sous leur plus grand développement. »

Le désert du Sahara, situé dans le domaine des vents alizés qui ne traversent que des terres, est entièrement dépourvu de pluie et montre ce que serait notre globe sans le magnifique réservoir de l'Océan. Des immenses plaines sablonneuses de l'Afrique s'élève une colonne d'air embrasé, nulle rosée ne vient même humecter l'aride surface et y développer la vie végétale.

### Influence des forêts.

L'influence des forêts sur la pluie a été constatée par de nombreuses observations. Colomb la mentionne dans son *Journal de voyage*, où il attribue à l'étendue et à l'épaisseur des forêts, qui couvraient la croupe des montagnes, l'abondance des pluies auxquelles il fut exposé aussi longtemps qu'il côtoya la Jamaïque. Il remarque à cette occasion « qu'autrefois les pluies n'étaient pas moins abondantes à Madère, dans les Canaries et dans les Açores ; mais depuis que l'on a fait couper les arbres qui répandaient de l'ombre, elles sont devenues beaucoup plus rares dans ces contrées. »

Humboldt démontre qu'il existe au-dessus des régions boisées un rayonnement frigorifique qui doit condenser les vapeurs. Les sommets des montagnes couvertes de forêts s'enveloppent plus souvent de brouillards que ceux des montagnes arides, et les sources y sont plus fréquentes. Des plantations nombreuses en Égypte y font reparaître les pluies qui avaient totalement cessé. Le fait suivant mérite aussi d'être cité. Dans quelques-unes des Antilles, le déboisement d'une partie du sol a diminué la quantité de pluies, et les cours d'eau ont perdu leur abondance. On a agi différemment à Porto-Rico. Une ordonnance du roi d'Espagne avait prescrit que toutes les fois qu'on abattrait un arbre, on en replanterait trois, et ce pays est resté d'une haute fertilité; la beauté du sol, l'abondance des eaux y ont laissé les terres plus productives que dans les îles voisines.

Nous extrayons du Voyage scientifique de M. Boussingault un passage confirmant la même relation entre les défrichements et la quantité de pluie. « Dans la vallée de Canca, dit-il, il est constant que tel terrain, dont le sol et la température moyenne conviennent à la culture du cacaotier, ne donne néanmoins aucun résultat favorable s'il est placé trop près des forêts. Vient-on à défricher et à transformer ces forêts en champs de yucca, de canne à sucre, de maïs, le cacao prospère alors d'une manière remarquable. Voici un fait que je tiens de don Sébastien Marisansena, habitant de Cartago. Ayant obtenu le titre de *Capitan poblador* pour fonder un village à la Balsà, au pied de la chaîne du Quindin, il commença par établir une plantation de cacaotiers. Pendant les dix premières années, les récoltes furent à peu près nulles, les pluies étant trop fréquentes. L'hacienda (la ferme) ne commença à devenir productive que lorsque les habitants de la Balsà furent assez nombreux pour que le défrichement prît une extension considérable ; le soleil pouvait alors mûrir le cacao. Vers 1816, les circonstances politiques firent émigrer la majeure partie des habitants ; il ne resta plus que les nègres de l'hacienda. Six ans après, les champs environnants étaient déjà transformés en forêts ; la récolte diminua de plus en plus ; enfin, en 1827, lorsque je passai à la Balsà, il y avait trois ans qu'on ne recueillait plus de cacao. »

### Adoucissement des climats.

Les nuages, en se résolvant en pluie, restituent à l'atmosphère toute la chaleur qui a servi à leur formation. Chacun a pu observer l'adoucissement de la température après une averse de quelque durée. Cette circonstance influe puissamment sur les climats des hautes latitudes, surtout dans l'hémisphère sud, où les contre-alizés du nord-ouest condensent leurs abondantes vapeurs. On a constaté que, relativement à leur position, les îles Shetland du sud n'ont pas des hivers très-froids ; et cela provient, sans doute, de la grande quantité de chaleur dégagée pendant les pluies.

La quantité d'eau tombée sur le versant occidental des Andes patagoniennes qui, d'après l'amiral Fitz-Roy, atteint plus de quatre mètres en quarante jours, donne aux vents d'ouest qui descendent sur l'autre versant une remarquable chaleur; et c'est à eux, aussi bien qu'à un faible courant océanique, qu'on doit attribuer le climat extraordinaire des îles Falkland. Ces îles se trouvent à la latitude correspondante aux rudes régions du Labrador, et cependant les troupeaux y passent l'hiver en plein air au milieu de beaux pâturages. — Dans l'Amérique du Nord, à la base et sur les pentes des montagnes Rocheuses, où le Missouri prend sa source, on observe un phénomène dû à la chaleur dégagée par la grande condensation qui s'opère au moment où les vents d'ouest du Pacifique rencontrent les sommets de la chaîne. En hiver, la navigation est ouverte dans le haut du fleuve, pendant que, dans les régions plus basses, il est entièrement glacé. On jouit, à une assez grande hauteur, d'une température printanière, et la contrée est couverte d'une riche verdure, au même moment où dans les plaines éloignées règne un froid rigoureux.

### Formes de la neige.

Si un courant d'air très-froid pénètre subitement dans un appartement chaud rempli de vapeur aqueuse, il peut produire de la neige. On raconte qu'à Saint-Pétersbourg, dans une nombreuse réunion, le panneau d'une fenêtre ayant été brisé par accident, un tourbillon de vent s'engouffra par l'ouverture et congela la vapeur, qu'on vit tomber aussitôt sur les personnes présentes sous la forme de flocons de neige. Des effets analogues ont été observés dans la Sibérie et dans la Nouvelle-Zemble.

Dès que la température des nuages descend au-dessous de zéro, leurs gouttelettes se congèlent et forment la neige, qui traverse ensuite l'air en flocons jusqu'à ce qu'elle arrive au sol. Ces flocons, reçus sur un corps

Formes des cristaux de neige.

noir et regardés au microscope, présentent dans leurs formes une grande régularité qui a depuis longtemps frappé les observateurs. Kepler parle de leur structure avec une vive admiration, et depuis lui on a décrit avec soin ces gracieuses cristallisations qui sont soumises, malgré leur grande variété, à des lois extrêmement simples. « Ces cristeaux de neige, dit M. Tyndall[1], formés dans un atmosphère calme, sont construits sur le même type; les molécules s'arrangent pour former des étoiles hexagonales. D'un noyau central sortent six aiguilles formant deux à deux des angles de 60 degrés. De ces aiguilles centrales sortent, à droite et à gauche, d'autres aiguilles plus petites traçant à leur tour, avec une infaillible fidélité, leur angle de 60 degrés. Ces fleurs à six pétales prennent les formes les plus variées et les plus merveilleuses; elles sont dessinées par la plus fine des gazes, et tout autour de leurs angles on voit quelquefois se fixer des rosettes de dimensions encore plus microscopiques. La beauté se superpose à la beauté, comme si la nature, une fois à la tâche, prenait plaisir à montrer, même dans la plus étroite des sphères, la toute-puissance de ses ressources. » La température, l'humidité, l'agitation de l'air modifient les figures. Les flocons qui tombent en même temps ont en général la même forme; mais quand il y a un intervalle entre les averses, on trouve chaque fois une variété nouvelle.

### Fleurs sous la neige.

Dans les années où la neige a longtemps couvert le sol, les fontaines sont plus abondantes, les récoltes plus assurées. Les hivers du Nord sans neige sont une calamité égale à celle des printemps sans pluie du

1. *La chaleur considérée comme un mode de mouvement,* traduction de M. l'abbé Moigno. Paris, 1864.

Midi. Elle se comporte, en effet, comme un écran qui, en abritant le sol, le soustrait au refroidissement qu'il éprouverait dans les nuits sereines en rayonnant vers l'espace; et ensuite, au dégel, elle trempe fortement les terres.

Entre les neiges éternelles qui couvrent les cimes des Pyrénées et des Alpes et les coteaux de leur base où prospère la vigne, il y a une région dans laquelle la neige fond à des époques variables selon la hauteur; mais partout, même aux points élevés où elle dure huit à dix mois, elle laisse, en disparaissant, le sol couvert d'herbes abondantes qui ont végété sous son abri et procurent au bétail un excellent pâturage. Ces gazons sont immédiatement émaillés d'une multitude de belles fleurs dont les boutons se sont formés sous la neige. On avait souvent essayé, mais en vain, d'acclimater ces plantes alpines dans nos jardins, lorsqu'un horticulteur eut l'idée, qui semble étrange au premier abord, de les placer en hiver dans une serre, entre les orangers et les grenadiers. Les végétaux tirés de l'âpre contrée dont le climat est analogue à celui de la Sibérie, et où le thermomètre descend à 30 degrés, se sont ainsi parfaitement conservés. Cela vient de ce qu'ils trouvaient dans la serre les conditions que leur fait la couche épaisse de neige dont ils sont couverts dans leur région naturelle. Par son faible pouvoir conducteur, cette couche les abrite du froid, et surtout des brusques changements de température si nuisibles pour les frêles organes. On peut se rendre ainsi compte de la manière dont le grain est protégé par la neige dans les sillons de nos champs.

### Les glaciers et les fleuves.

Dans les glaciers de nos Alpes une admirable disposition a été mise en évidence par les observations poursuivies pendant plusieurs années consécutives sur la hauteur moyenne des eaux des rivières durant chaque mois de l'année. « Comme il tombe, dit Jean Reynaud[1], beaucoup moins de pluie dans l'été que dans les autres saisons, et qu'à peine tombée elle s'évapore beaucoup plus vite, il en résulte que tous les petits ruisseaux diminuent, que quelques-uns même se dessèchent tout à fait, et que finalement les grands courants ne reçoivent plus de leurs affluents les tributs nécessaires pour une alimentation convenable. Mais la nature, pour les fleuves qui lui ont paru dignes d'un arrangement aussi recherché, a institué un genre particulier d'affluents, qui donnent d'autant plus que les affluents ordinaires donnent moins, et réciproquement. Ce sont les affluents qui sortent des glaciers; et l'on voit tout de suite quels frais exigent de tels ruisseaux, puisqu'il faut nécessairement leur élever des montagnes au-dessus des nuages pour qu'ils y puissent prendre leur source. Il n'y a que des terrains exhaussés jusque dans ces prodigieuses hauteurs qui soient en position d'amasser en hiver assez de neige et de glace, et d'en conserver suffisamment durant l'été, en ne la laissant fondre que peu à peu. De la sorte, que l'été soit chaud et ardent, il aura beau se trouver d'une sécheresse désespérante pour les ruisseaux de la plaine, il ne fera que fondre avec plus d'activité les dépôts de glace accumu-

1. *Magasin pittoresque*, 1847.

lés au point de départ ; et par conséquent les ruisseaux des montagnes prendront leurs crues précisément dans le moment où les autres seront au plus bas. Au contraire, au printemps, à l'automne, dans une partie de l'hiver, quand l'abondance des pluies fait gonfler de tous côtés ces derniers, et tend à élever les rivières au-dessus de leur niveau habituel, les glaciers, recevant alors moins de chaleur, alimentent avec moins d'abondance leurs affluents, et il se détermine à leur égard une véritable sécheresse qui fait compensation aux pluies de la plaine. Il en résulte que les fleuves qui sont soumis uniquement au régime des glaciers ont leurs crues pendant l'été, et leurs basses eaux pendant l'hiver; que ceux dont le bassin, dépourvu de toute connexion avec ces réservoirs élevés, est soumis uniquement à l'entretien par la pluie, ont leurs crues dans la saison froide et leurs basses eaux en été; que ceux enfin dont le régime comporte un mélange des affluents ordinaires et des affluents de hautes montagnes ont, toute proportion gardée, un régime plus constant que les autres. »

### Grêle.

La grêle est une averse de globules de glace dont la grosseur varie d'ordinaire entre celle d'un pois et celle d'une noisette, mais qui atteint quelquefois la dimension d'un œuf de poule et même d'une pomme moyenne. On a remarqué qu'il y a presque toujours au centre des grêlons un petit flocon de neige spongieux. Cette partie est la seule opaque; les couches concentriques dont elle se trouve entourée ont toute la diaphanéité de la glace ordinaire. Le noyau et son enveloppe ne paraissent donc pas se former de la même manière. Il tombe quelquefois de gros grêlons à centre neigeux qui sont composés de couches concentriques alternativement diaphanes et opaques. La grêle menue, peu consistante, qu'on voit surtout au printemps et en automne, et dont la surface est comme saupoudrée de farine, porte le nom de *grésil*. C'est une espèce intermédiaire entre la grêle proprement dite et la neige.

Volta rapporte que, dans une nuit du mois d'août 1707, il ramassa, pendant un orage qui éclata sur la ville de Côme, plusieurs grêlons pesant 280 grammes. Darwin cite une tempête dans les pampas de l'Amérique du Sud, où la chute de masses semblables tua beaucoup de grands quadrupèdes.

Nous venons de parler d'une grêle tombée pendant la nuit. Ce cas est fort rare. C'est ordinairement aux heures les plus chaudes de la journée, et pendant l'été, qu'elle se forme. Les nuages qui en sont chargés semblent avoir beaucoup de profondeur, et se distinguent des autres nuages orageux par leur couleur cendrée. Leurs bords ont des déchirures nombreuses et on y remarque quelquefois des mouvements circulaires. La grêle précède en général les pluies d'orage, elle les accompagne quelquefois ; jamais, ou presque jamais elle ne les suit, surtout quand ces pluies ont eu quelque durée. Dans la zone tropicale ce n'est que sur les hautes montagnes qu'on a constaté des chutes de grêle ; il n'en tombe pas dans les plaines. Elle est surtout fréquente dans la zone tempérée, et devient ensuite de plus en plus rare à mesure qu'on avance vers les régions polaires.

Dans la plupart des cas le phénomène de la grêle a un caractère local. Il est très-fréquent à l'issue des vallées profondes des Alpes, sur les monticules qui les séparent de la plaine. La campagne de Borgofranco, qui se trouve près du val d'Aoste, est ravagée presque toutes les années. A Clermont, au pied du Puy-de-Dôme, la grêle tombe fort souvent, tandis que sur les hauteurs distantes d'une demi-lieue, on ne cite qu'une seule averse dans l'espace de vingt-trois ans. Il y a de grands orages pendant lesquels la grêle tombe sur une vaste étendue de pays, mais ils sont heureusement rares.

On s'explique mieux la formation de la grêle depuis la découverte faite par les aéronautes de couches atmosphériques très-froides (le thermomètre marquant — 40°) à des hauteurs relativement faibles et en plein été. Ces couches, comme nous l'avons déjà dit, sont remplies de petites aiguilles de glace qui, réunies, peuvent former le noyau des grêlons sur lesquels, dans d'autres couches, vient se solidifier la vapeur. L'existence de tourbillons provenant de la rencontre des courants opposés — principalement équatoriaux et polaires — explique la suspension et même l'ascension, par un mouvement en spirale, des grêlons qui se forment. On a vu des feuilles et des petites branches, arrachées par l'ouragan, retomber à quelque distance couvertes d'une couche de glace.

Les courants qui engendrent ces tourbillons sont en général, avant leur mélange, dans des conditions électriques opposées ; aussi remarque-t-on qu'il grêle rarement sans qu'on entende le tonnerre et que, pendant l'averse, l'électricité varie souvent non-seulement d'intensité, mais encore de nature.

On a employé il y a quelques années comme *para-grêles* des séries de longues perches plantées de distance en distance dans les champs, et destinées à modifier l'état électrique de l'atmosphère; mais ce système a été trouvé insuffisant, et Arago, en le combattant dans une de ses savantes Notices, invite les agriculteurs à se préoccuper plutôt de l'extension des institutions de solidarité, telles que l'assurance mutuelle, en attendant que la science ait découvert des moyens de protection plus efficaces.

## IV

### PHÉNOMÈNES GLACIAIRES.

Météorologie des glaciers. — Leur formation. — Glaciers de Grindelwald et de Furca. — Cirques. — Névé. — Moraines. — Mouvement des glaciers. — Glaciers primitifs. — Glaciers polaires. — Variations des saisons et des climats.

#### Météorologie des glaciers. — Leur formation.

Nous avons déjà parlé de la favorable influence des glaciers sur la hauteur moyenne des cours d'eau, pendant chaque saison. Dans une remarquable note de la *Météorologie* de Kaemtz, un de nos savants professeurs, M. Ch. Martins, examine sommairement l'influence de la température et des météores aqueux sur ces fleuves solides, issus de la région des neiges éternelles, et qui descendent lentement dans les plaines, au milieu des forêts et des champs cultivés.

« Si nous examinons, dit M. Ch. Martins, sous un point de vue purement météorologique les phénomènes que présentent les glaciers, nous verrons qu'il n'est point téméraire de soutenir qu'il viendra un temps où l'on pourra conclure des modifications d'un glacier à celles de l'atmosphère et *vice versâ*. Mais pour établir ainsi d'une manière positive le lien qui unit la météorologie et la physique du globe, il est à désirer que l'on fasse de longues séries d'observations météorologiques dans le voisinage des glaciers, afin de mettre en rapport les deux ordres de phénomènes. »

Avant de faire connaître quelques-unes des modifications indiquées dans ce passage, nous devons nous arrêter brièvement sur la formation des glaciers, qui est le point de départ des observations recommandées par M. Ch. Martins.

Lorsque pendant l'été les nuages se dissipent, après les pluies d'orage qui tombent dans la plaine, on voit les sommets des montagnes blanchis par une neige récente, qui fond très-vite sous le soleil, mais qui reste sur les plus hautes cimes, dans la région des *neiges éternelles*, jusqu'à une limite inférieure variable suivant la contrée et l'exposition. Cette limite, tracée sur une chaîne étendue, paraît à peu près horizontale; mais sur certains points, dans le fond des vallées, on voit les glaciers descendre, comme des traînées blanches, jusque dans la plaine. Georges Altmann, dans son *Traité des montagnes glacées de la Suisse*, a donné la description suivante du glacier de Grindelwald, souvent exploré par les naturalistes.

### Glaciers de Grindelwald et de Furca.

« Le village de Grindelwald est situé dans une gorge de montagnes longue et étroite; de là on commence à apercevoir le glacier, mais pour le voir dans toute son étendue il faut monter plus haut. On découvre alors un des plus beaux spectacles que l'on puisse imaginer; c'est une mer de glace où une étendue immense d'eau congelée qui descend dans le vallon en suivant la pente d'une haute montagne. Il part de ce réservoir glacé un amas prodigieux de pyramides, formant une espèce de nappe qui occupe toute la largeur du vallon, c'est-à-dire environ 800 mètres, et qui est bordée des deux côtés par des montagnes élevées couvertes de verdure et d'une forêt de sapins jusqu'à une certaine hauteur.

« Cet amas de pyramides ressemble à une mer agitée par les vents dont les flots auraient été subitement saisis par la gelée; où plutôt on voit un amphithéâtre formé par un assemblage immense de monticules de glace, d'une couleur bleuâtre, dont chacun a trente ou quarante pieds de hauteur. Le coup d'œil est d'une beauté merveilleuse. Rien n'est surtout comparable à l'effet qu'il produit, lorsqu'en été le soleil vient à darder ses rayons sur ce groupe de pyramides brillantes; alors tout le glacier commence à fumer et jette un éclat que les yeux ont de la peine à soutenir. »

Nous ajouterons à cette description celle du glacier de Furca, donnée par W. Coxe dans ses *Lettres sur la Suisse* :

« .... Après de longs efforts, et une marche pénible à travers les grandes surfaces de neige et de glace que nous rencontrions, ayant toujours sous nos pieds les précipices et les torrents, nous atteignîmes la partie supérieure de la vallée par une montée extrêmement escarpée. Le grand nombre de rochers irréguliers et fourchus, qui, accumulés autour de cette vallée, hérissent le sommet du mont, lui ont valu, dit-on, le nom de *Fourches* ou *Furca*. La région dans laquelle nous étions alors nous parut plus affreuse et plus désolée que les parties les plus désertes du Saint-Gothard même. Au-dessous de nous, les montagnes étaient, il est vrai, parées d'une belle verdure et semées de fleurs odorantes; mais la végétation n'atteignait point à notre hauteur. La plus sauvage stérilité nous environnait, et près de nous s'élevait un épouvantable amas de glace, d'où s'élançait un torrent qui, s'écoulant vers le Valais, est sans doute une des premières sources du Rhône. Ce glacier était à notre gauche, et un peu au-dessus de nous; jamais une masse d'objets, quelque grands et terribles qu'ils fussent, ne nous a présenté un ensemble d'une beauté aussi effrayante et aussi sublime.

« De là nous descendîmes un amas de roches brisées, qui hérissent en tous sens une longue suite de précipices; alors, je me trouvais assez fatigué pour avoir besoin de me reposer et de me rafraîchir. Nous nous assîmes au bord d'un ruisseau très-limpide qui coulait rapidement le long de la montagne, dont le penchant était si escarpé, que notre petit repas avait besoin d'un soutien pour ne pas rouler loin de nous. Devant nous, le glacier de Furca s'étalait dans toute sa beauté : c'est une masse immense de glace qui s'étend en forme d'amphithéâtre entre deux piles de rochers plus hérissés, s'il se peut, qu'aucun de ceux que nous ayons vus dans les montagnes voisines; cet amphithéâtre remplit entièrement le précipice qui les sépare, et s'élève graduellement depuis leur pied jusqu'à une petite distance de leurs sommets. Le soleil, qui dardait perpendiculairement ses rayons sur le glacier, lui donnait l'éclat et la transparence du cristal, tandis que les ombres de ses vastes fragments, admirablement colorées, coupaient sa blancheur par toutes les teintes d'un bleu vraiment céleste. De terribles craquements, annonçant les nouvelles fentes qui se formaient dans le glacier, se firent entendre à plusieurs reprises, et le Rhône roulant à ses pieds sous la forme d'un torrent, mêlait à ce fracas son mugissement continu. C'est en grande partie à l'amas de glace que je viens de décrire que ce fleuve doit sa naissance. »

### Cirques. — Névé. — Moraines.

Le traducteur du livre de Coxe, le philosophe naturaliste Ramond, intrépide explorateur des Alpes et des Pyrénées, a joint à sa traduction d'excellentes observations sur les glaciers et signalé l'un des premiers une partie des causes qui concourent à leur formation et déterminent leur marche. Avant lui, Haller, de Saussure et de Luc avaient déjà constaté un certain nombre de faits importants. Mais c'est à des recherches plus récentes qu'on doit l'explication de la plupart des phénomènes relatifs à la nature et au mouvement des glaciers.

La neige s'accumule autour des hautes cimes dans de grandes dépressions connues sous le nom de *cirques*. C'est en descendant de ces cirques vers les vallées que la neige se transforme, sous l'influence du soleil et des gelées nocturnes, en petits grains de glace transparents, et que cette masse granuleuse, appelée en Suisse *névé*, se convertit, par suite de la pression et de congélations successives, en une masse mouvante de glace, tantôt blanche, remplie de bulles d'air, tantôt plus compacte et azurée.

Cette glace qui se forme au-dessous du névé se modifie peu à peu dans sa constitution intime, par suite des fortes pressions qu'elle éprouve et qui ont pour effet d'abaisser suffisamment le point de fusion pour que des veinules d'eau se produisent dans toute la masse dont la température a été reconnue moyennement voisine de zéro par les expériences de M. Agassiz. Les molécules de glace séparées par de minces couches liquides ne restent isolées que pendant un instant et se soudent de nouveau par suite de cette propriété si remarquable du *regel* démontrée par Faraday et Tyndall[1]. Les liquéfactions et les soudures se succèdent presque continuellement en tous les points de l'épaisseur des glaciers, attendu que les pressions y varient beaucoup, et comme par suite de ces changements l'air enfermé de l'ancienne neige est peu à peu expulsé, la masse acquiert la parfaite transparence et la couleur azurée qui excitent l'admiration des touristes. C'est ce phénomène aussi qui rend compte du mouvement des glaciers dans la direction des pentes, mouvement qui a été prouvé par des faits incontestables et qui a porté un éminent glacialiste, le chanoine Rendu, à les comparer aux fleuves.

Cependant en même temps que la masse descend le long de la montagne elle glisse aussi sur la surface du ravin. Une couche de cailloux et de sable étant interposée entre le fond du glacier et la roche, il en résulte que l'action des masses de glace en mouvement doit polir la surface sur laquelle elles descendent et y creuser des rayures, des sillons, dirigés dans le sens de la descente. Cette action a été bien constatée, non-seulement dans les cavernes de glace

1. Ces physiciens ont ressoudé deux morceaux de glace en les rapprochant même dans de l'eau chaude.

qu'on trouve quelquefois à l'extrémité des glaciers, mais encore sur les roches qui les bordent. Ces roches, arrondies par le puissant effort de la masse qui les presse, prennent souvent un aspect particulier[1], qui les fait reconnaître de loin partout où un glacier a creusé son lit.

Un autre ordre de phénomènes doit encore attirer notre attention. Comme le dit très-bien M. Ch. Martins dans ses *Recherches sur la période glaciaire*, « les Alpes sont d'immenses ruines. Tout conspire à leur destruction, tous les éléments semblent conjurés pour abaisser leurs cimes orgueilleuses. Les masses de neige qui pèsent sur elles pendant l'hiver, la pluie qui s'infiltre entre leurs couches pendant l'été, l'action subite des eaux torrentielles, celle plus lente, mais plus puissante encore, des affinités chimiques, dégradent, désagrégent et décomposent les roches les plus dures. Leurs débris tombent des sommets dans les cirques occupés par les glaciers, sous forme d'éboulements considérables accompagnés d'un bruit effrayant et de grands nuages de poussière. Même au cœur de l'été, j'ai vu des avalanches de pierre se précipiter du haut des cimes du Schreckhorn, et former sur la neige immaculée une longue traînée noire composée de blocs énormes et d'un nombre immense de fragments plus petits. »

Ces blocs, dont quelques-uns mesurent de dix à vingt mètres dans tous les sens, sont transportés par le glacier, et y forment de longues traînées qui

1. De Saussure a donné le nom de *roches moutonnées* à ces groupes de rochers arrondis, qui, vus de loin, rappellent l'aspect d'un troupeau de moutons.

longent ses rives ou s'accumulent en lignes transversales à son extrémité. Ces traînées de matériaux provenant des éboulements ont reçu le nom de *moraines*.

### Mouvements des glaciers. — Glaciers primitifs.

Par ces intéressantes observations on n'a pas seulement prouvé avec évidence le mouvement des glaciers, mais on a pu encore démontrer leur ancienne extension en retrouvant les stries gravées sur le roc par le glacier primitif, et en suivant dans les vallées la trace de leurs moraines latérales et transversales.

Ainsi les glaciers du mont Blanc s'étendaient depuis Chamounix jusqu'à Genève. Sur le versant est du Jura on trouve des blocs isolés, ou *blocs erratiques*, en granit, qui ne peuvent provenir que des montagnes de la Suisse, la chaîne du Jura étant composée de pierre calcaire. L'immense glacier qui a transporté ces blocs jusqu'à une hauteur de mille mètres au-dessus de la mer, s'étendait dans la plaine comprise entre les Alpes et le Jura. C'était, suivant M. Ch. Martins, le principal glacier de la Suisse, dont les autres, également indiqués par les plus évidentes traces, n'étaient que des affluents.

C'est à un chasseur de chamois, Jean Perraudin, qu'on doit la première idée de ce cataclysme. Un savant géologue, M. de Charpentier, à qui il avait communiqué le résultat de ses observations, en fit le sujet de persévérantes recherches, et acquit les plus incontestables preuves du grand phénomène qui lui avait été signalé. L'étude de la période glaciaire s'est ainsi rattachée aux révolutions dont notre globe a été le théâtre. De nombreux travaux, parmi lesquels nous devons citer en première ligne ceux de M. Agassiz, ont montré dans les deux hémisphères les mêmes traces de glaciers antédiluviens, étendus sur les vastes plaines qui environnent nos montagnes.

M. J. Tyndall, dans son beau livre sur les glaciers[1], attribue en grande partie la configuration actuelle des Alpes aux puissants mouvements de ces prodigieuses masses de glace, qui ont tracé dans la roche d'énormes sillons, creusé profondément les vallées sur leur passage, et, par cette action même, préparé leur destruction partielle. M. Tyndall explique en effet que les courants d'air chaud qui s'élèvent des vallées vers les hauteurs, ont une température d'autant plus élevée et une force d'autant plus grande que la vallée est plus profonde, d'où il résulte que le glacier diminue en même temps qu'il s'abaisse, et qu'il arrive enfin à des limites qu'il ne peut plus dépasser. Cet équilibre entre la fonte des étés et la progression des hivers paraît aujourd'hui établi, et, sauf quelques rares exceptions, on connaît la limite moyenne que la glace ne dépasse jamais.

On trouve dans les Pyrénées, dans les Vosges, sur les montagnes de l'Écosse et sur les principales chaînes du globe, les mêmes traces d'un immense développement des glaciers primitifs. Nous ignorons encore la cause de ce phénomène, amené sans doute par des conditions météorologiques très-différentes des conditions actuelles, et qu'une persévérante observation des perturbations qui se produisent sous nos yeux permettra peut-être de découvrir. Ainsi M. le professeur

1. *The glaciers of the Alps*, by John Tyndall, F. R. S. London, John Murray.

Frankland, de la *Royal Institution*, a montré récemment que la limite des neiges éternelles est plus élevée dans l'intérieur des continents que dans le voisinage des mers. On comprend en effet qu'une abondante production de la vapeur d'eau soit une des principales causes de la formation des glaciers, cette vapeur se transformant en neige ou en glace dans les hautes régions de l'atmosphère. Mais l'abondance des météores aqueux est aussi en rapport, comme nous l'avons vu, avec la température, en sorte qu'il est impossible d'admettre l'existence des immenses glaciers dont on retrouve partout les traces et les profondes érosions, dans la période même où la température moyenne du globe était au-dessus de la température actuelle. Les chaînes de montagnes, qui venaient alors d'apparaître, n'avaient pas encore été entamées par l'action lente, mais si puissante, des divers agents de destruction qui les creusent et les abaissent, et ces chaînes primitives offraient une vaste surface à l'accumulation des neiges et des glaces, dont la formation était favorisée par le voisinage plus fréquent des grands lacs et des mers intérieures, telles que l'ancienne mer du Sahara[1].

Le commandant Maury, dans ses belles recherches sur le rôle géologique des vents, a mis sur la voie d'importantes découvertes relatives aux rapports qui existent entre la quantité d'humidité mise en circulation par l'atmosphère, et la configuration des mers et des continents. L'action des grands courants aériens, ainsi que celle des grands courants océaniques, varie avec les circonstances qui la favorisent ou l'entravent,

1. *Principes de géologie*, par sir Charles Lyell.

et ces variations sont en étroite relation avec la distribution de la chaleur sur le globe. C'est à ces causes toujours actives que M. Lyell attribue aussi « les principales révolutions de l'état météorologique de l'atmosphère, aux diverses époques géologiques[1]. »

La lutte des éléments, soumis, suivant les régions, aux influences de la chaleur et du froid, dut produire alors des bouleversements d'autant plus profonds que ces influences étaient plus puissantes et plus contraires, et laisser à la surface du globe l'empreinte profonde que la science nous découvre aujourd'hui. « Les phénomènes, dit M. Ch. Martins, sont restés les mêmes; mais au lieu de ces manifestations gigantesques, caractère des époques géologiques antérieures à la nôtre, ils se renferment dans les limites d'action qui leur sont imposées par l'équilibre de la période de repos que l'apparition de l'homme a inaugurée sur la terre. »

### Glaciers polaires.

La limite des neiges éternelles s'abaisse, on le comprend, depuis l'équateur jusqu'aux pôles, depuis les glaciers des Cordillères qui recouvrent les volcans du Pérou, jusqu'à ceux du Spitzberg qui descendent au bord de la mer et remplissent le fond des baies. Ces derniers glaciers présentent une particularité remarquable. Sur la côte occidentale de l'île, baignée par une des branches du grand courant tiède de l'Atlantique, le Gulf-Stream, la mer dégèle pendant l'été, et fond la partie inférieure des glaciers, qui, avançant toujours, dépasse bientôt le rivage. On voit alors les

1. *Ancienneté de l'homme*, 3e édition.

portions qui ne sont plus soutenues s'en détacher, et former les glaces flottantes qu'on rencontre en si grand nombre dans l'océan Arctique. Mme Léonie d'Aunet a ainsi décrit ce phénomène dans son intéressant *Voyage au Spitzberg* : « .... Pendant mon sommeil le dégel avait commencé, et la physionomie de la baie avait changé comme par miracle. A l'immobile solitude de la veille avait succédé le spectacle le plus agité.

« Une flottille d'îles de glaces entourait la corvette et couvrait la mer à perte de vue. Ces glaces du pôle, qu'aucune poussière n'a jamais souillées, aussi immaculées aujourd'hui qu'au premier jour de la création, sont teintes des couleurs les plus vives ; on dirait des rochers de pierres précieuses : c'est l'éclat du diamant, les nuances éblouissantes du saphir et de l'émeraude, confondues dans une substance inconnue et merveilleuse. Ces îles flottantes, sans cesse minées par la mer, changent de forme à chaque instant ; par un mouvement brusque, la base devient sommet, une aiguille se transforme en un champignon, une colonne imite une immense table, une tour se change en un escalier : tout cela si rapide et si inattendu qu'on songe malgré soi à quelque volonté surnaturelle présidant à ces transformations subites. Du reste, au premier moment, il me vint à l'esprit que j'avais sous les yeux les débris d'une ville de fées, détruite tout à coup par une puissance supérieure, et condamnée à disparaître sans même laisser de vestige. Je voyais se heurter autour de moi des morceaux d'architecture de tous les styles et de tous les temps : clochers, colonnes, minarets, ogives, pyramides, tourelles, coupoles, créneaux, volutes, arcades, frontons, assises colossales, sculptures délicates comme celles qui courent sur les menus piliers de nos cathédrales, tout était là confondu, mélangé dans un commun désastre. Cet ensemble étrange et merveilleux, la palette ne peut le reproduire, la description ne peut le faire comprendre.

« On se représente, n'est-ce pas, ce lieu où tout est froid et inerte, enveloppé d'un silence profond et lugubre? Eh bien, c'est tout le contraire qu'il faut se figurer; rien ne peut rendre le formidable tumulte d'un jour de dégel au Spitzberg.

« La mer, hérissée de glaces aiguës, clapote bruyamment; les pics élevés de la côte glissent, se détachent et tombent dans le golfe avec un fracas épouvantable; les montagnes craquent et se fendent; les vagues se brisent furieuses contre les caps de granit; les îles de glace, en se désorganisant, produisent des petillements semblables à des décharges de mousqueterie; le vent soulève des tourbillons de neige avec de rauques mugissements; c'est terrible et magnifique: on croit entendre le chœur des abîmes du vieux monde préludant à un nouveau chaos. »

**Variations des saisons et des climats.**

Nous avons vu comment la fonte des glaciers maintient, pendant l'été, le niveau des fleuves, et contribue ainsi, en conservant les cours d'eau, à rafraîchir et féconder nos campagnes. Les glaces flottantes du pôle, qui descendent alors vers nos latitudes et viennent abaisser la température des mers du Nord, modèrent aussi, par l'influence des vents et des courants, la chaleur de nos étés. Quelquefois même, ainsi que l'a fait observer un savant météorologiste, M. Renou, un été froid, comme celui de 1816, peut être la conséquence d'une grande débâcle des glaces polaires.

On peut considérer les régions voisines des deux pôles comme d'immenses glaciers, appuyés sur des roches plus ou moins élevées, quelquefois sur de hautes montagnes dont la cime perce la neige. Deux volcans, *l'Érèbe* et *la Terreur*, ont été découverts en 1841 par sir James Ross, pendant son expédition au pôle Antarctique. L'Érèbe, haut de 4000 mètres, et couvert de neiges jusqu'au cratère, lançait par intervalles une épaisse fumée.

La connaissance des causes qui déterminent dans ces régions l'accroissement périodique ou la diminution des glaces serait d'un grand intérêt pour la météorologie générale du globe. Ces variations paraissent se rattacher à une variation des saisons en rapport soit avec la périodicité des taches solaires, comme l'indique M. Renou, soit avec les mouvements de la terre dans son orbite [1]. Mais une longue suite d'observations, faites sur les glaciers des deux hémisphères, sera nécessaire pour arriver à résoudre avec certitude ces importantes questions.

Déjà de nombreuses découvertes, dues au zèle intrépide, au dévouement, à la science des grands voyageurs qui ont exploré les solitudes glacées du pôle, les brûlants déserts de l'équateur, ou les cimes périlleuses de nos montagnes, ont ouvert à nos recherches de nouveaux horizons. Dans le vaste ensemble, jusqu'alors si confus, des phénomènes météoriques, nous avons vu apparaître quelques lois simples, qui désor-

1. *Terre et Ciel*, par Jean Reynaud : sur la Variation séculaire des climats.

mais nous serviront de guide dans l'étude des perturbations atmosphériques et des modifications qu'elles entraînent à la surface du globe[1].

1. Voir *Les glaciers.*

# V

## ORAGES.

Phénomènes lumineux. — Feu de Saint-Elme. — Orage dans les montagnes. — Forme des éclairs. — Foudre globulaire. — Tonnerre. — Singuliers effets de la foudre. — Paratonnerre. — Géographie des orages. — Influence du sol. — Orages volcaniques. — Action de l'orage sur les eaux souterraines. — Utilité des orages.

### Phénomènes lumineux. — Feu de Saint-Elme.

L'air en temps d'orage est quelquefois tellement chargé d'électricité qu'elle devient apparente, au milieu de l'obscurité, par une vive lueur sur tous les corps, et particulièrement sur l'eau. On cite des pluies lumineuses pendant lesquelles la terre semblait en feu. Plus d'une fois des voyageurs ont été saisis de frayeur en voyant leurs vêtements mouillés devenir brillants dans les nuits orageuses, ainsi que le rapporte un curieux récit, adressé par M. Allemand, médecin de Fleurier, près Neufchâtel, au professeur Pictet (*Bibliothèque universelle de Genève*) :

« Appelé, le 3 mai dernier, à me rendre à Motiers, vers dix heures du soir, je fus surpris à la sortie du village, par un orage qui ne tarda pas à être suivi d'une pluie très-abondante. Muni d'un parapluie à canne, je crus prudent de le fermer à mesure que le tonnerre grondait plus souvent et plus fortement, et même j'en tenais dans ma main l'extrémité supérieure, qui forme, comme on sait, une pointe métallique, obtuse il est vrai, mais qui pouvait peut-être attirer la foudre. Bientôt la nuit, déjà excessivement sombre, le devint plus encore par des torrents de pluie : et ce n'était qu'à la faveur des éclairs vifs et fréquents qu'il m'était possible de suivre la route. Cheminant ainsi au travers de l'orage le plus violent qu'il soit possible d'imaginer dans nos contrées, j'aperçus tout à coup une lumière qui me parut venir d'en haut, et, levant de suite les yeux, je remarquai que c'était le bord de mon chapeau qui était lumineux. Croyant que c'était du feu réel, et sans que j'eusse eu le temps de faire aucune réflexion, je passai subitement la main tout le long de cette traînée lumineuse, dans le but d'éteindre ce que ma surprise me faisait envisager comme une véritable flamme. Mais, à mon grand étonnement, elle apparut plus vive encore, ce qui me fit naître l'idée confuse que je m'étais trompé sur la cause de cette lumière. Ma main s'était remplie de l'eau qui découlait de mon chapeau ; en faisant un mouvement pour m'en débarrasser, je la vis briller comme un métal poli lorsqu'il réfléchit une vive clarté.

« Alors, aux sensations que j'avais éprouvées jusque-là, succéda une émotion qui me fit prononcer à demi-voix une exclamation de frayeur. J'étais à une centaine de pas de la ferme de Chaux, c'est-à-dire à dix ou douze minutes de Fleurier, et à quinze ou vingt de

Motiers. Je délibérai un moment pour savoir si j'entrerais dans cette maison de ferme, ou si je continuerais ma route : et enfin quelques raisonnements de physique, et la plus parfaite confiance en l'auteur suprême de l'appareil formidable dont j'étais entouré, me déterminèrent à poursuivre ma route. Ayant pu déjà impunément remplir ma main de l'eau électrique qui brillait sur le bord libre de mon chapeau, je crus pouvoir répéter l'expérience (ce que je fis néanmoins la seconde fois avec une sorte de crainte), et m'assurer si cette lumière phosphorescente n'avait point d'odeur, si elle ne produisait ni crépitations, ni petillement. Mais je ne remarquai jamais rien que la belle lumière qui ne s'élevait pas de ma main au moment où je l'ouvrais, mais qui paraissait appliquée à sa surface comme un vernis brillant. Cette lueur ne durait qu'un instant. Continuant à cheminer en fixant, pour ainsi dire, continuellement l'auréole brillante de mon chapeau, je vis une lumière vive, comme appliquée sur la surface unie de la crosse de mon parapluie, à l'endroit où se trouve la plaque de métal pour y graver un nom. Mon premier mouvement fut de passer le pouce sur cette partie, pour éteindre ce nouveau feu qui me devenait aussi importun que l'autre. Même phénomène ; c'est-à-dire que la surface de la partie frottante devint aussi lumineuse que celle qui était frottée : alors j'eus peur du parapluie, à la monture métallique duquel mon esprit s'attacha, et sur-le-champ je le jetai à terre. Les éclats de la foudre redoublaient, bien qu'elle parût être et fût en effet à une certaine distance de moi. Une fois débarrassé de mon parapluie, j'essayai de frotter vivement le bord de mon chapeau sur la manche de mon habit, mais je ne réussis qu'à rendre plus scintillante la couronne de lumière, avec laquelle j'arrivai près de Motiers. J'attribuai sa cessation au voisinage de grands peupliers qui bordent la route près de ce village.... »

Ces effets s'expliquent par l'influence des nuages orageux des parties supérieures de l'atmosphère, qui attirent à la surface du sol une électricité contraire à celle dont ils sont chargés. Souvent les aigrettes qu'on voit à l'extrémité des pointes placées sur une machine électrique en activité, apparaissent dans des dimensions agrandies sur tous les objets saillants, les tiges métalliques, les sommets des clochers, les mâts et les vergues des navires. Ces belles flammes, auxquelles les marins donnent le nom de *feux de Saint-Elme*, indiquent l'émission abondante du fluide terrestre qui va neutraliser le fluide des nuages. Nous citerons encore, d'après Arago, les faits suivants :

Le 14 janvier 1824, à la suite d'un orage, M. Maxadorf ayant porté ses regards sur un chariot chargé de paille qui se trouvait au-dessous d'un gros nuage noir, au milieu d'un champ, près de Gothen, observa que tous les brins de paille se redressaient et paraissaient en feu. Le fouet même du conducteur jetait une vive lumière. Ce phénomène disparut aussitôt que le vent eut emporté le nuage noir : il avait duré dix minutes.

Le 8 mai 1831, après le coucher du soleil, des officiers se promenaient tête nue, pendant un orage, sur la terrasse du fort Bab-Azoun à Alger. Chacun, en regardant son voisin, remarqua avec étonnement de petites aigrettes lumineuses aux extrémités de ses cheveux. Quand ces officiers levaient les mains, des aigrettes se formaient aussi au bout de leurs doigts.

### Pays électriques.

Ce nom a été donné par M. Fournet, professeur de géologie, dont les amis des sciences déplorent la perte récente, à certaines régions dans lesquelles ont été observés des phénomènes particuliers d'électricité.

M. H. de Saussure, petit-fils du grand explorateur des Alpes, rapporte qu'à la fin de l'hiver, quand la sécheresse devient très-grande sur les plateaux élevés du Mexique, où l'évaporation est d'une force extrême, on observe par moments des étincelles électriques très-vives. Au mois d'août 1856 il faisait avec un autre voyageur l'ascension du Nevado de Toluca, malgré les avis réitérés des habitants du pays. Un brouillard glacé les enveloppa bientôt, le vent devint violent, et il y eut une averse de grésil. En même temps apparurent des éclairs accompagnés de tonnerre, roulant presque sans interruption. On entendait aussi un bruit sourd, inquiétant, une crépitation du genre de celle qu'auraient faite les petites pierrailles de la montagne si elles s'étaient entrechoquées. Les cheveux longs des guides indiens se soulevaient et se dressaient même sur leurs têtes.

Selon le professeur Loomnis, des phénomènes analogues s'observent fréquemment aux États-Unis : électrisation des cheveux, surtout quand on les peigne ; attraction particulièrement abondante et partant fort désagréable des duvets, des poussières qui flottent dans l'air, par les vêtements ; étincelles produisant une sensation de piqûre si l'on touche un objet en métal et qui permettent quelquefois d'allumer un bec de gaz avec le doigt. Volney avait déjà remarqué cette abondance d'électricité pendant son voyage en Amérique.

Les orages, dit-il, en fournissaient des preuves effrayantes par la violence des coups de tonnerre, l'intensité prodigieuse des éclairs, la fréquence des accidents graves. Les battements du fluide étaient si forts qu'ils semblaient à son oreille et à son visage « être le vent léger que produit le vol d'un oiseau de nuit. »

D'après le voyageur Livingstone, au printemps, époque de grande sécheresse, les déserts de l'Afrique méridionale sont souvent traversés par un vent du sud chaud et tellement électrique, que les plumes d'autruche se chargent d'elles-mêmes au point de produire de vives commotions; la seule friction du vêtement fait jaillir des gerbes lumineuses.

Voici un fait très-curieux observé par M. H. de Saussure pendant son ascension, en 1865, du piz Surley, dans les Grisons : « ... Le froid augmentait, et à une heure du soir, arrivés au sommet du piz Surley, la chute du grésil devenant plus abondante, nous nous disposâmes à prendre notre repas près d'une pyramide de pierres sèches qui en couronne la cime. Appuyant alors ma canne contre cette construction, j'éprouvai dans le dos, à l'épaule gauche, une douleur fort vive comme celle que produirait une épingle enfoncée lentement dans les chairs, et en y portant la main, sans rien trouver, une piqûre analogue se fit sentir dans l'épaule droite. Supposant que mon pardessus de toile contenait des épingles, je le jetai; mais loin de me trouver soulagé, les douleurs augmentèrent, envahissant tout le dos d'une épaule à l'autre; et elles étaient accompagnées de chatouillements, d'élancements douloureux, comme ceux qu'aurait pu produire une guêpe ou tout autre insecte se promenant dans mes vêtements, où il me criblerait de piqûres.

« Otant à la hâte mon second paletot, je n'y découvris rien qui fût de nature à blesser mes chairs, tandis que la douleur prenait le caractère d'une brûlure. Sans y réfléchir davantage, je me figurai que ma chemise de laine avait pris feu, et j'allais me déshabiller complétement, lorsque notre attention fut attirée par un bruit qui rappelait la stridulation des bourdons. C'étaient nos bâtons qui chantaient avec force en produisant un bruissement analogue à celui d'une bouilloire dont l'eau est sur le point d'entrer en ébullition; tout cela peut avoir duré environ quatre minutes.

« Dès ce moment, je compris que mes sensations douloureuses provenaient d'un écoulement électrique très-intense, qui s'effectuait par le sommet de la montagne. Quelques expériences improvisées sur nos bâtons ne laissèrent apercevoir aucune étincelle, aucune clarté appréciable de jour, mais ils vibraient dans la main de façon à faire entendre un son intense. Qu'on les tînt verticalement, la pointe soit en haut, soit en bas, ou bien horizontalement, les vibrations restaient identiques, mais le sol demeurait inerte.

« Ce phénomène qu'on pourrait appeler le *chant des bâtons* ou le *bourdonnement des roches*, n'est pas rare dans les hautes montagnes, sans pourtant y être très-fréquent. Parmi les guides que j'ai interrogés à ce sujet, les uns ne l'avaient jamais observé, les autres ne l'ont entendu qu'une ou deux fois dans leur vie. »

M. Fournet, dans une intéressante leçon sur ce sujet[1], fait remarquer que des manifestations électriques semblables ont été surtout constatées aux points d'entre-croisement des dislocations alpines et juras-

1. *Revue des cours scientifiques*, 5e année, n° 4.

siennes. Sur plusieurs lacs de la Suisse on a aussi observé d'abondantes diffusions d'électricité terrestre. Une société de naturalistes embarquée sur celui de Morat a confirmé les rapports des bateliers qui prétendent avoir traversé des nappes de feu.

**Orages dans les montagnes.**

Un ingénieur suisse, M. Buchwalder, était occupé d'opérations géodésiques sur le sommet du mont Sentis, à 2500 mètres de hauteur, lorsqu'il fut surpris par un violent orage. « De grands nuages, dit-il, venant de l'ouest, se rapprochèrent et enveloppèrent la montagne. Bientôt un vent impétueux annonça une tempête : le tonnerre retentit dans le lointain, et la grêle tomba avec une telle abondance, qu'en quelques minutes elle couvrit le Sentis d'une couche glacée. Nous nous réfugiâmes dans notre tente, dont je fermai toutes les issues pour ne pas laisser de prise au vent. Quelques instants l'orage parut se calmer, mais c'était un silence, un repos pendant lequel se préparait une crise terrible. En effet, à huit heures du matin, le tonnerre gronda de nouveau, plus rapproché, plus violent, et presque sans discontinuer pendant des heures entières. Lassé de ma longue réclusion sous la tente, je sortis pour voir l'état du ciel et mesurer l'épaisseur de la grêle tombée. A peine avais-je fait quelques pas au dehors, que la foudre éclata au-dessus de ma tête, avec tant de fureur que je jugeai prudent de regagner l'abri de la tente, où mon aide me suivit. Pour diminuer le danger d'être atteints par la foudre, nous nous couchâmes tous deux côte à côte sur quelques planches. En ce moment, un nuage épais et noir comme la nuit enveloppa le Sentis. La pluie et la grêle tombèrent par torrents; le vent souffla avec fureur; les éclairs se succédèrent sans intervalle, se croisant en tous sens et jetant autour de nous les lueurs d'un incendie. Les éclats précipités du tonnerre, répercutés par les flancs de la montagne, roulaient d'un écho à l'autre avec tant de force, qu'à peine pouvions-nous nous entendre parler. C'était tout à la fois un déchirement aigu, un retentissement comme si le ciel eût croulé, un sourd et long mugissement. Enfin, la violence de l'orage devint telle que mon compagnon ne put se défendre d'un mouvement d'effroi, et me demanda si nous ne courions pas danger de mort. J'essayai de le rassurer en lui racontant que, pendant leurs observations en Espagne, Biot et Arago avaient été surpris par un orage pareil. La foudre était tombée sur leur tente, mais avait glissé sur la toile, sans les toucher eux-mêmes.

« A peine avais-je fini mon récit, qu'au même moment j'entendis ce cri de détresse : « Ah ! mon Dieu ! » Je vis un globe de feu courir des pieds à la tête de mon compagnon, et je me sentis atteint moi-même à la jambe gauche d'une violente commotion. Notre tente venait de se déchirer au milieu d'une terrible détonation. Je me tournai vers mon compagnon : le malheureux était foudroyé. Éclairé par la déchirure de la tente, je vis le côté gauche de son visage sillonné de taches brunes et rouges, produites par le coup de foudre. Ses cheveux, ses cils, ses sourcils étaient crispés et brûlés; ses lèvres, ses narines étaient violacées; sa poitrine se soulevait encore par instants, mais bientôt le bruit de sa respiration s'éteignit. Je souffrais horriblement moi-même; mais, oubliant ma souffrance pour chercher à porter quelque secours à celui que je voyais mourir, je l'appelai, je le secouai : il ne répondit pas. Son œil droit, ouvert, brillant, plein d'intelligence, semblait se tourner de mon côté et implorer mon aide, mais l'œil gauche demeurait fermé et, en soulevant sa paupière, je vis qu'il était pâle et terne. Je crus un moment à un reste de vie : trois fois j'essayai de fermer cet œil droit qui me regardait toujours, trois fois il se rouvrit avec les apparences de la vie. Alors je portai la main sur son cœur : il ne battait plus. La douleur m'arracha à cette navrante contemplation. Ma jambe gauche était paralysée, j'y sentais un frémissement aigu, un bouillonnement de sang extraordinaire. J'éprouvais dans tout le corps un tremblement convulsif; une oppression générale me suffoquait : le cœur me battait d'une manière désordonnée. Allais-je périr comme mon malheureux compagnon? Grâce à Dieu, j'atteignis pourtant, avec les plus grandes peines, le village voisin. Je m'aperçus alors que mes instruments avaient été foudroyés. Tous les objets en métal qui se trouvaient dans la tente, au moment du coup de tonnerre, portaient des traces du passage de la foudre; les pointes, les arêtes, les parties les plus délicates étaient émoussées, fondues. »

### Forme des éclairs. — Foudre globulaire.

Quelquefois il paraît se faire dans les nuages orageux une émission continue d'électricité, car ils peuvent rester lumineux pendant longtemps, comme le physicien Rozier l'a constaté dans un orage d'une grande intensité auquel il assistait aux environs de

Béziers. « Peu à peu, dit-il, un point lumineux, paraissant au milieu d'épais nuages, acquit du volume et de l'étendue ; il forma insensiblement une zone, une bande phosphorescente, qui se montrait à mes yeux sur une hauteur de trois pieds ; elle finit par sous-tendre un angle de 60 degrés. Au-dessus de cette première zone il s'en forma une seconde de la même hauteur, mais qui n'avait que 30 degrés d'étendue. Un vide de la même dimension les séparait. On remarquait dans l'une comme dans l'autre zone des irrégularités, à peu près comme sur les bords des gros nuages avant-coureurs de l'orage. Ces bords n'étaient pas également lumineux, quoique le centre des zones offrît une clarté uniforme. Pendant qu'elles avançaient vers l'est, la foudre, à trois reprises différentes, s'élança de l'extrémité de la zone inférieure, mais sans produire de détonation appréciable. » Le phénomène dura près d'un quart d'heure et fut dissipé par un coup de vent du sud qui porta l'orage au loin.

Les émissions intermittentes ont des formes très-variées et parcourent l'atmosphère avec une étonnante vitesse. Wheatstone a démontré que les éclairs les plus brillants et les plus étendus (longs de cinq à six lieues) n'ont pas durée égale à la millième partie d'une seconde.

Les uns consistent en traits de lumière très-minces et à bords nettement arrêtés, dessinant dans l'espace des zigzags et se divisant quelquefois en plusieurs branches. Ils sont le plus souvent blancs, rarement purpurins, violacés ou bleuâtres.

Les autres s'étendent, au contraire, sur une grande surface et n'ont ni la blancheur ni l'éclat de la lumière des précédents. Leur teinte est souvent d'un rouge très-vif. « Ces éclairs, dit Arago[1], paraissent quelquefois n'illuminer que les contours des nuages d'où ils émanent. Quelquefois aussi, leur vive lumière embrasse toute l'étendue superficielle de ces mêmes nuages, et, de plus, elle semble sortir de leur intérieur. On dirait alors, en vérité, que les nuages s'entr'ouvrent : ce sont les expressions populaires, j'en chercherais vainement qui dépeignissent mieux le phénomène. »

La première espèce d'éclairs est beaucoup plus rare que la seconde ; dans les orages ordinaires, des centaines de ceux-ci apparaissent contre un éclair linéaire et surtout contre un éclair fourchu. Nous citerons la relation d'un remarquable orage observé par M. Liais, pendant son séjour au Brésil.

Quoiqu'on fût au 30 janvier, le thermomètre marquait 33 degrés. « Pendant la nuit, le vent souffla très-faiblement du sud-ouest ; dans la matinée, l'air était pur, et un soleil ardent tombait sur le sol encore un peu humide de la pluie des jours précédents. Dans l'après-midi, il y avait quelques cirrus. En approchant du soir, d'autres nuages, des cumulus et des cumulo-stratus, se formèrent. Au coucher du soleil, le ciel était à peu près couvert.

« A sept heures, quelques éclairs commencèrent à paraître dans l'est, et à sept heures dix minutes l'orage avait acquis toute son intensité. En cet instant partaient continuellement, à un intervalle d'une à deux secondes, des éclairs en zigzag, dont plus du tiers se bifurquaient. Ces éclairs étaient blancs et très-vifs. Quelquefois ils semblaient tendre légèrement vers une teinte

1. *Notice sur le tonnerre.*

bleuâtre, d'autres fois orangée. Ils ne formaient pas des zigzags avec interruption, comme cela se voit dans beaucoup d'orages, mais des lignes brisées, et de plus, chacune de ces lignes était sinueuse. Les éclairs ne se terminaient pas en pointe, mais ils présentaient généralement, à l'extrémité où ils s'arrêtaient, une forme un peu arrondie. Quoique ces éclairs fussent très-rapides, il m'a paru qu'on suivait leur développement et le sens de leur propagation avec une facilité plus grande que dans les orages ordinaires. On voyait rarement deux éclairs à la fois; leur émission avait une certaine régularité.

« La plupart des éclairs n'étaient accompagnés d'aucun bruit. De temps en temps en entendait un léger roulement dans le lointain, mais sans pouvoir distinguer, vu la fréquence, à quel éclair il se rapportait. Beaucoup d'entre eux paraissaient partir d'une sorte de cumulus très-petit situé à peu de hauteur au-dessus de l'horizon, et se propager avec un mouvement ascendant apparent. D'autres semblaient sortir de la couche supérieure et se projeter avec un mouvement apparent inverse. L'orage n'était pas accompagné de pluie. Au commencement seulement il était tombé quelques larges gouttes. Le nuage supérieur, sur lequel se projetaient les éclairs, ne couvrait pas le ciel tout entier, et quelques étoiles se montraient.

« Je passe maintenant à la partie la plus curieuse du phénomène. Outre les éclairs bifurqués, et les éclairs à trois ou quatre branches, qui étaient aussi très-fréquents, il ne s'écoulait pas de minute sans que l'on vît ce que l'on pourrait appeler des éclairs *arborescents*. C'étaient des éclairs qui se divisaient en plusieurs branches principales, lesquelles se ramifiaient à leur tour en une multitude de rameaux, qui présentaient d'ailleurs les mêmes sinuosités et les mêmes terminaisons arrondies que les autres éclairs. Il n'y avait d'autre moyen de compter ces branches que de reproduire immédiatement sur le papier l'impression produite sur la rétine. L'un de ces éclairs, que j'ai remarqué particulièrement et qui paraissait se propager en descendant, se divisait d'abord en trois branches, qui se subdivisaient à leur tour, de manière à former en tout quinze rameaux. Un autre était rayonnant, et un arborescent, c'est-à-dire que sa propagation se fit en tous sens, en partant d'un centre.

« L'orage sembla rester immobile. Au bout de dix minutes environ, la fréquence des éclairs diminua; ils cessèrent à huit heures quinze minutes et bientôt les nuages se dissipèrent. La lumière zodiacale se voyait à l'ouest et à l'est, au-dessous de la voie lactée, faisant le tour entier du ciel. Il est bon de mentionner que la veille la mer était d'une phosphorescence extraordinaire, et comme je ne l'avais pas encore vue. Le soir de l'orage, au contraire, elle avait pris sa physionomie habituelle entre les tropiques. »

Dans un autre orage, M. Liais remarqua de nouveau la courbure de l'extrémité des éclairs arborescents, et une tendance encore plus marquée à se terminer en boules de feu. Trois fois ces boules se détachèrent en laissant une traînée lumineuse, comme un bolide, et en parcourant 13 degrés sur le ciel en une demi-seconde. Nous voyons ici l'origine d'une troisième espèce d'éclairs à laquelle les physiciens ont donné le nom de *foudre globulaire*, sans pouvoir jusqu'à présent ni l'expliquer, ni l'imiter comme la foudre ordinaire, entièrement analogue, sauf la dimension, aux étincelles des machines électriques. Ces globes de feu, gros quelquefois comme une bombe, descendent vers la terre en se mouvant avec assez de lenteur pour qu'on puisse bien en reconnaître la forme. Leur couleur est variable depuis le blanc mat jusqu'au rouge vif. En avançant sur le sol, ils restent toujours écartés de la surface des corps et ne semblent émettre aucune chaleur. On les voit s'arrêter un instant, avancer de nouveau, puis rebondir comme une balle élastique ou se diviser en globes plus petits. Souvent, à la fin de leur course, une aigrette paraît en sortir, et bientôt ils éclatent avec un bruit comparable à celui du canon, lançant de tous côtés des éclairs en zigzag qui produisent d'épouvantables dégâts.

**Tonnerre. — Singuliers effets de la foudre.**

Le bruit causé par un seul éclair dure quelquefois sans interruption jusqu'à quarante-cinq secondes. Bien que toutes les couches d'air placées sur le trajet de de l'immense étincelle soient pour ainsi dire ébranlées en même temps, le bruit développé en chaque point n'arrive à l'observateur que successivement, et la différence des distances produit des variations dans l'intensité du tonnerre, ses roulements et ses éclats, souvent répétés par les échos. Les décharges qui s'opèrent entre un nuage et un objet terrestre sont accompagnées des coups les plus violents.

On ne peut se rendre compte des phénomènes de transport opérés par la foudre qu'en faisant intervenir une autre force que l'électricité. C'est sans doute celle de la vapeur développée sur son passage, qui seule a pu soulever, par exemple, un mur du poids de vingt-six tonnes, pour le porter en masse à plusieurs mètres de distance. Plusieurs fois des toitures de grands édifices ont été emportées comme par une mine.

En traversant les corps, la foudre élève rapidement leur température. Des conducteurs métalliques épais de près d'un centimètre ont été fondus; avec une moindre dimension, ils sont quelquefois volatilisés. On trouve le fer des fils de sonnette incrusté en gouttelettes dans le parquet ou projeté en fine poussière sur les murs.

Les voyageurs voient fréquemment sur le sommet des montagnes les couches superficielles des rochers vitrifiées par la foudre. Lorsqu'elle traverse un amas de sable, elle y forme ces tubes de quartz fondu et agglutiné, longs quelquefois de douze mètres, auxquels on donne le nom de *fulgurites*. Le fait suivant est cité par M. Jamin : « Le 17 juillet 1823, le tonnerre tomba sur un bouleau, près du village de Rauschen (sur la mer Baltique). Les habitants étant accourus virent, auprès de l'arbre, deux trous étroits et profonds; l'un d'eux, malgré la pluie, leur parut, au tact, à une température élevée. M. le professeur Hagen, de Kœnigsberg, fit creuser avec soin autour de ces trous; celui qui fut trouvé chaud n'offrit rien de particulier; le second, jusqu'à une profondeur d'un mètre, ne présenta non plus rien de remarquable, mais un peu plus bas commençait un tube vitrifié. La fragilité de ce tube ne permit de le retirer que par petits fragments de 4 à 5 centimètres de long. L'enduit vitré intérieur était très-luisant, couleur gris de perle, et parsemé de points noirs dans toute son étendue. »

Ce phénomène naturel a du reste pu être reproduit à l'aide de la grande batterie du Conservatoire des arts et métiers, et on a obtenu des tubes semblables aux fulgurites en faisant passer une décharge électrique à travers une couche formée de sable mêlé de sel.

Les masses de fer et d'acier traversées par la foudre deviennent magnétiques, et de nombreuses observations montrent qu'à bord des navires atteints, les boussoles ont été déviées de leur direction normale.

Les arbres, très-bons conducteurs à cause de leur humidité, sont souvent frappés. On voit alors, s'il n'y a point d'incendie, le tronc desséché et divisé en longues lattes. Dans les maisons, tous les corps combustibles prennent feu au passage de la foudre.

### Paratonnerre.

L'identité de l'électricité et de la foudre a été prouvée par Franklin. « Pour vérifier sa conjecture, dit M. Mignet[1], il se proposa de tirer le fluide des nuages. Le premier moyen qu'il conçut fut d'élever jusqu'au milieu d'eux des verges de fer pointues qui l'attireraient. Ce moyen ne lui semblant pas praticable, parce qu'il ne trouvait point de lieu assez haut, il en imagina un autre. Il construisit un cerf-volant formé par deux bâtons revêtus d'un mouchoir de soie. Il arma le bâton longitudinal d'une pointe de fer à son extrémité la plus élevée. Il attacha au cerf-volant une corde en chanvre, terminée par un cordon de soie. Au point de jonction du chanvre, qui était conducteur de l'électricité, et du cordon de soie qui ne l'était pas, il mit une clef, où l'électricité devait s'accumuler et annoncer sa présence par des étincelles. Son appareil ainsi disposé, Franklin se rend dans une prairie un jour d'orage. Le cerf-vo-

1. *Vie de Franklin.*

volant est lancé dans les airs par son fils, qui le retient par le cordon de soie, tandis que lui-même, placé à quelque distance, l'observe avec anxiété. Pendant quelque temps, il n'aperçoit rien, et il craint de s'être trompé. Mais tout d'un coup les fils de la corde se roidissent, et la clef se charge : c'est l'électricité qui descend. Il court au cerf-volant, présente son doigt à la clef, reçoit une étincelle et ressent une forte commotion qui aurait pu le tuer et qui le transporte de joie. »

Par l'invention du paratonnerre, Franklin se proposa de détruire les effets des nuages orageux en leur fournissant une électricité contraire à la leur. Il arma les édifices de tiges métalliques terminées en pointes et communiquant avec le sol, par lesquelles l'électricité terrestre s'échappe vers le nuage superposé et le neutralise plus ou moins rapidement. On voit briller quelquefois sur ces pointes, pendant la nuit, de grandes aigrettes. Il peut se faire que le nuage ne soit pas suffisamment déchargé et que la foudre éclate entre lui et l'édifice. Mais elle tombe alors sur la tige de l'instrument, qu'un conducteur isolé unit au sol.

L'efficacité des paratonnerres est pleinement démontrée par la statistique. M. Snow Harris rapporte, par exemple, que dans le Devonshire six églises surmontées de clochers élevés ayant été frappées par la foudre, une seule, armée d'un paratonnerre, n'éprouva pas de dommage. L'église de Saint-Marc à Venise, le palais Valentino à Turin, la tour de Sienne, où la foudre causait de fréquents dégâts, ont aussi été préservés par les paratonnerres.

Nous nous souvenons du terrible orage qui éclata sur la ville de Strasbourg, le 14 août 1833, à quatre heuses du soir. La tour de la cathédrale reçut trois coups de foudre dans le même quart d'heure. Au dernier, le monument tout entier parut en feu pendant quelques instants. Dans plusieurs endroits, le plomb, le cuivre, le fer, le mortier et le grès lui-même, furent fondus ou vitrifiés. Des pièces de métal se soudèrent aux cloches, et il fut difficile de les en détacher. On vit tomber dans les rues voisines de très-grands fragments de pierre. L'année suivante, une des tourelles fut coupée en deux par la foudre, et on se décida à placer enfin des paratonnerres sur la flèche et sur d'autres parties de l'église. Depuis cette époque, on a constaté qu'elle n'a plus été frappée que de coups inoffensifs, atteignant les tiges et suivant les conducteurs sans aucune déviation. En outre, les orages paraissent être devenus moins fréquents et moins intenses au-dessus de Strasbourg.

Citons encore le cas suivant, où, dit Arago, la nature est prise sur le fait : le 21 mai 1831, pendant un très-violent orage, le vaisseau le *Caledonia* était à la voile dans la baie de Plymouth. De la ville, on voyait la foudre se précipiter vers la mer à de petites distances du vaisseau ; elle tombait aussi sur le rivage et y occasionnait divers accidents. Entouré de tous ces coups foudroyants, le *Caledonia*, armé de ses paratonnerres, n'était jamais atteint, et il naviguait avec la même sécurité que par un ciel serein.

De grands soins, qu'une instruction émanée de l'Académie des sciences recommande, mais qu'on néglige encore trop souvent, sont nécessaires dans la construction et l'entretien des paratonnerres. Il importe que la pointe de leur tige soit en métal non oxydable, que le conducteur s'unisse par des liens en fer à toutes les grandes pièces métalliques de l'édifice, et soit en communication parfaite avec le sol. Dans un terrain humide, l'écoulement de l'électricité se fait facilement, mais le fer se rouille et se détruit très-vite. Dans un terrain sec, il y aurait isolement, et de grands accidents seraient à redouter; on fait arriver alors le conducteur dans un puits rempli de braise de boulanger, le charbon, quand il a été rougi, étant une matière très-conductrice et qui n'attaque pas le fer. Quand on a dans le voisinage une nappe d'eau naturelle, on y fait plonger le conducteur, en le ramifiant en plusieurs branches. On ne saurait assimiler un réservoir ou citerne à un puits proprement dit, car les dalles et le ciment formant le fond et les côtés n'offrent qu'un passage difficile à l'électricité ; il n'y a pas d'écoulement, et un cas fulminant peut en résulter.

La différence de conductibilité des terrains et des corps qui s'y trouvent placés doit, aussi bien que leur forme, diriger le choix des lieux dans lesquels on est le moins exposé à être frappé de la foudre. D'après les considérations précédentes, il faut éviter de séjourner sous les arbres, de s'approcher de grandes masses métalliques ou de constructions élevées.

On a vu des hommes, des animaux, tués sous un nuage orageux, sans avoir été frappés d'un coup de foudre direct. Ce phénomène, appelé *choc en retour* par les physiciens, s'explique pas l'influence d'un nuage électrisé très-étendu et déchargé par un éclair à l'une de ses extrémités. Si alors, sous l'extrémité opposée, des corps fortement influencés rentrent subitement dans l'état naturel, ils peuvent subir une commotion extrêmement violente.

### Géographie des orages.

Humboldt a trouvé au sommet de la montagne de Toluca, voisine de Mexico, à la hauteur de 4620 mètres au-dessus du niveau de la mer, des vitrifications fermées par la foudre. Ce fait ne prouve pas que les nuages orageux puissent atteindre cette élévation, car on cite des cas où l'éclair a frappé les cimes en se dirigeant de bas en haut. D'un autre côté les habitants de Chamounix assurent que des orages ont passé par-dessus le mont Blanc, qui est élevé de 4800 mètres. Arago donne 70, et même 28 mètres comme la limite inférieure que, d'après des mesures exactes, on peut assigner aux orages.

Les traits principaux de la distribution géographique des orages sont en rapport avec la distribution des pluies. Presque toute la pluie des régions tropicales tombe de nuages orageux. Sous l'immense anneau équatorial, on entend presque continuellement le roulement du tonnerre. A Calcutta, on compte par an 60 orages, parmi lesquels 45 éclatent pendant la mousson du sud-ouest, c'est-à-dire d'avril en septembre. On n'en compte aucun de novembre en janvier, pendant la mousson du nord-est. Nous avons déjà signalé le régime exceptionnel du Pérou, où les habitants n'ont jamais entendu tonner.

Dans la zone des calmes tropicaux, les orages sont fréquents, moins cependant que sous l'équateur. L'exemple de l'Europe peut donner une idée du régime des latitudes moyennes. On a dans l'Espagne méridionale le même nombre d'orages, de 5 à 10, qu'en Angleterre et dans la Scandinavie. L'Italie, la mer Adriatique, la

Grèce, présentent le maximum du nombre des orages. Nous citerons Janina et Rome, avec une moyenne de 45 et de 40 par an. Dans les Alpes, on n'en compte qu'environ 30; de 15 à 20 en France et en Allemagne, où cependant certaines localités, comme Munster, Braunsberg, exposées à de fréquents orages, présentent des exceptions remarquables. C'est dans l'Adriatique et sur les côtes occidentales d'Europe que les orages sont les plus fréquents. A mesure qu'on avance vers l'est, ils deviennent moins nombreux, et au delà des frontières d'Allemagne on n'observe que des orages d'été.

Dans les hautes latitudes, les orages sont extrêmement rares. Il se passe quelquefois une période de six ans sans qu'on entende le tonnerre au Groënland. Nous dirons plus loin comment l'orage est remplacé dans ces régions par le splendide phénomène des aurores boréales.

Entre les tropiques, les orages sont toujours causés par des courants atmosphériques ascendants, et il en est de même dans la zone tempérée pour les orages d'été. On les voit se produire chaque jour, dans l'après-midi, quand la disposition du pays s'y prête. Au-dessus de quelques lacs de la Suisse apparaît un petit nuage qui va se fixer sur le flanc d'une montagne voisine, puis augmente et se décharge avec un terrible fracas. Nous avons observé, vers la fin de l'été, cette formation périodique des orages dans les baies de Naples et de Tunis.

Les orages de la zone tempérée accompagnent, pour la plupart, les fortes pluies résultant de la rencontre du courant équatorial et du courant polaire. Il y a alors entre les deux vents une lutte qui se prolonge souvent pendant plusieurs jours, et dont l'issue détermine l'état du temps. Avec les vents du sud, l'air est lourd, tiède, humide ; d'épais nuages montent de l'horizon. Mais soudain la rafale du nord arrive, accompagnée d'explosions électriques. Les fluctuations des courants font naître plusieurs orages consécutifs, dans lesquels ne se manifeste aucune périodicité et dont l'étendue est très-variable. Si le vent polaire domine, toutes les vapeurs se résolvent en pluie ou sont emportées au loin et le ciel se rassérène. D'autres fois, c'est le vent du nord qui règne au début avec un temps clair, sec et froid que le courant du sud vient changer. Ce courant est indiqué dans les hautes régions par les cirrus, qui s'épaississent rapidement, se transforment en cumulus et couvrent le ciel d'une couche sombre d'où jaillit bientôt l'éclair. Quand le vent du nord cède, l'orage se termine par un temps doux et par ces longues pluies qui sont pour nos contrées un si puissant élément de fécondité.

### Influence du sol. — Orages volcaniques.

Suivant quelques météorologistes, la nature des terrains peut contribuer à rendre les orages plus fréquents. « Dans le département de la Mayenne, dit M. Blavier, ingénieur des mines, il existe des masses de diorite[1] qui renferment une proportion notable de fer et qui agissent sur l'aiguille aimantée. Il nous a été assuré que certaines communes, celle de Niort, par exemple, voyaient toujours les orages les plus menaçants se dissiper à leur approche, ou les tourner dans certaines di-

1. Espèce de roche dans laquelle se rencontre quelquefois le fer aimanté.

rections. Nous pensons que c'est dans l'action conductrice de plusieurs masses considérables de diorite qu'il convient de chercher l'explication de ce fait. » Le savant Vicat rapporte l'observation suivante, recueillie à Grondone, village situé dans les Apennins, près d'une très riche mine de fer qui s'élève sous la forme d'un pic isolé. Presque tous les jours, dans les mois de juillet et d'août, on voit se former un nuage électrique au-dessus du territoire; ce nuage, grossissant insensiblement, reste pendant quelques heures suspendu sur la mine, puis éclate en se déchargeant vers le pic, presque entièrement métallique. « Les ouvriers mineurs, ajoute Vicat, avertis par l'expérience, jugent quand il est temps de quitter la place; ils se retirent alors à quelque distance, puis reviennent à leur travail après l'explosion. J'ai vu maintes fois le grand nuage de Grondone se former vers midi et tenir bon jusqu'à quatre ou cinq heures du soir, puis donner lieu, après quelques coups de tonnerre, à un petit orage. »

Nous trouvons encore la curieuse observation suivante, dans une récente description des grottes de la Norwége[1] : « Un promontoire du Lyse-Fjord offre une caverne vraiment effrayante par les phénomènes météorologiques dont elle est le théâtre. On sait qu'il n'est pas de rochers d'un aspect plus sinistre que celui de Lyse-Fjord. C'est vers le 59e degré de latitude, à une petite distance à l'est du port de Stavanger, que s'ouvre ce bras de mer, prodigieux fossé de 40 kilomètres de long, encaissé entre deux murailles à pic, hautes d'un kilomètre en moyenne. Sans doute le premier marin qui vogua sur les eaux tranquilles et noires de

1. *Magasin pittoresque*, juin 1864.

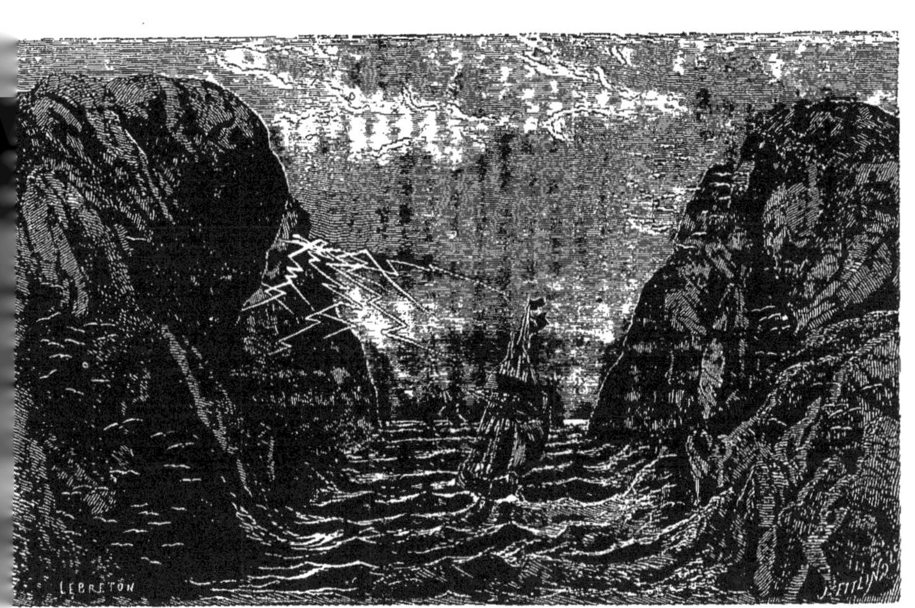


Lyse-Fjord.

cet abîme dut avancer avec une certaine horreur, se demandant à chaque détour s'il n'allait pas voir se dresser devant lui quelque effroyable dieu. Maintenant encore, ce n'est pas sans frissonner qu'on pénètre dans ce défilé marin, où les anciens auraient vu l'entrée des Enfers.

« Lorsque le vent du sud-est souffle avec violence et s'engouffre par rafales dans l'immense fissure du Lyse-Fjord, un étrange météore vient accroître la terrible majesté de la scène. A 500 mètres au-dessus de la mer et vers les deux tiers de la paroi qui s'élève au sud de l'entrée du golfe, on voit de temps en temps jaillir du rocher noir un éclair qui s'épanouit, puis se resserre pour s'élargir encore, se contracter de nouveau, et se perdre en franges lumineuses avant d'avoir atteint la paroi septentrionale. La nappe de feu avance en tournoyant, et c'est à ce mouvement de rotation que sont dues les expansions et les contractions apparentes de l'éclair. De rapides détonations se font entendre avec une force croissante avant que la flamme jaillisse du rocher ; un violent coup de tonnerre l'accompagne et se répercute en longs échos dans l'étroit corridor marin : on dirait qu'une batterie cachée dans l'intérieur de la falaise canonne quelque casemate invisible de la muraille opposée. »

Dans les éruptions volcaniques, les nuages qui sortent des cratères laissent échapper de nombreux éclairs. Ces nuages sont composés de vapeurs mêlées à de la cendre et souvent de cendre pure. En 1631, une immense colonne de fumée s'éleva du Vésuve et fut transportée à plus de quarante lieues de distance. Pendant le trajet on en vit sortir des coups de foudre qui tuèrent plusieurs personnes. Dans une autre éruption, le nuage, qui était extrêmement noir et composé de cendres impalpables, atteignit la ville de Tarente où la foudre incendia des édifices. Ces orages volcaniques se sont aussi produits en mer. Lorsqu'en 1811, l'îlot Sabrina surgit des eaux dans le voisinage des Açores, les colonnes de poussière et de cendre qui s'élevèrent étaient sillonnées, d'après un capitaine de navire témoin du phénomène, par des éclairs d'une vivacité extraordinaire.

### Action de l'orage sur les eaux souterraines.

Arago parle de modifications survenues quelquefois dans les eaux souterraines pendant des temps orageux — de sources qui se troublent, débordent, même après une grande sécheresse, — de puits profonds qu'on entend bouillonner bruyamment, de fontaines jaillissantes dont la force de projection augmente d'une manière sensible. Vallisneri a remarqué que les salses et les solfatares, dans le voisinage de Modène, annoncent les orages par une sorte d'ébullition et par des bruits semblables à ceux du tonnerre.

« Les historiens, les météorologistes, dit Arago, citent des inondations locales, dont les effets ont semblé bien supérieurs à ce que pouvait faire craindre la médiocre quantité de pluie provenant des nuages et tombée dans un certain rayon. Il est rarement arrivé qu'alors on n'avait pas vu, pendant un temps plus ou moins long, d'immenses masses d'eau surgir des entrailles de la terre par des ouvertures jusque-là inconnues, et aussi qu'un violent orage n'ait pas été le précurseur du phénomène et probablement sa cause première. Telles furent de point en point, par exemple,

Orage volcanique.

en juillet 1688, les circonstances de l'inondation qui détruisit presque en totalité les deux villages de Ketlevell et de Starbotton, dans le comté d'York. Pendant l'orage, une immense crevasse se forma dans la montagne voisine, et, au dire des témoins oculaires, la masse fluide qui s'en échappa avec impétuosité contribua au moins autant que la pluie aux malheurs qu'on eut à déplorer.

« En octobre 1755, d'après Beccaria, une inondation subite produisit de grands ravages dans la plupart des vallées du Piémont. Le Pô déborda. Le désastre fut précédé d'horribles tonnerres (*orrendi tuoni*, dit le savant italien). D'un assentiment unanime, il eut pour cause principale l'immense volume d'eau souterraine qui tout à coup, pendant l'orage, sortit du sein des montagnes par de nouvelles ouvertures....

« Ces ruptures locales de l'écorce solide du globe n'auraient rien d'extraordinaire, s'il était prouvé que, dans des temps orageux, l'eau tend à se réunir aux nuages, et que cette tendance se manifeste par des intumescences prononcées. Or, voilà précisément ce qui résulte avec évidence des observations faites à bord du paquebot le *New-York*, en 1827. Pendant que l'orage grondait autour de ce navire, la mer était dans un bouillonnement continuel qui, par sa nature, aurait pu faire croire à l'existence de plusieurs volcans sous-marins. On apercevait surtout trois colonnes d'eau; elles s'élançaient dans les airs, puis retombaient en écumant, puis s'élevaient de nouveau pour retomber encore. »

### Utilité des orages.

La science nous apprend à apprécier la bienfaisante action de l'orage, dont l'apparition fut jadis considérée comme un signe de la colère céleste. Les explosions de la foudre produisent une modification profonde dans les éléments constitutifs de l'atmosphère. Les gaz qui se maintiennent à l'état de simple mélange en l'absence des étincelles électriques, se combinent alors pour former des substances nouvelles, que l'on trouve en quantité variable dans l'eau de pluie. En certaines circonstances, ces substances déposent le nitre qu'on trouve à la surface de la terre dans beaucoup de contrées. L'efficacité agricole de ce corps est connue depuis l'antiquité, Virgile en fait mention dans les *Géorgiques*. Les agronomes reconnaissent d'ailleurs l'utilité des autres produits de l'orage pour la végétation. Chaque décharge électrique engendre dans l'air de féconds principes de vie, qui sont entraînés dans le sol, où les racines vont les puiser pour donner au feuillage et aux fleurs un éclat nouveau.

L'orage purifie aussi l'atmosphère. Le passage de la foudre donne à l'oxygène des propriétés plus actives et le transforme en *ozone*. Bien que ce gaz soit encore peu connu, on est certainement fondé à lui attribuer une puissance très-énergique de destruction des miasmes, des matières putrides qui, se répandant quelquefois dans l'atmosphère, la rendent impropre à la respiration et donnent naissance aux plus graves maladies. L'ozone peut être produit dans le laboratoire au moyen de fortes étincelles électriques. Si on en remplit une cloche de verre, les viandes corrompues, les boues fétides qui y sont introduites perdent en peu de temps leur odeur repoussante. Tous les imperceptibles débris organiques se brûlent au contact de l'air électrisé. M. Schœnbein a constaté que de l'air contenant une très-minime proportion d'ozone peut désinfecter un volume égal d'air vicié.

Suivant de récentes recherches, les conditions hygiéniques de plusieurs régions paraissent être en rapport avec la quantité d'ozone de l'atmosphère. Dans beaucoup d'observatoires, cette quantité est journellement constatée au moyen des variations de couleur d'une substance chimique. Il est probable qu'on parviendra à déduire des lois importantes d'une plus grande collection de faits.

A la suite des orages, une odeur particulière, désignée souvent sous le nom d'odeur de soufre, se répand dans l'atmosphère. C'est à la présence de l'ozone que cette odeur est due, et nous verrons plus loin qu'elle se manifeste aussi aux foyers des grands météores électriques qui remplacent les orages dans les régions polaires.

# VI

## TOURBILLONS.

**Trombes. — Tourbillons électriques. — Tempêtes de poussière. — Trombes de mer. — Trombes terrestres. — Tornades. — Cyclones. — Ouragans.**

### Trombes.

« Parmi les grands météores qui viennent troubler l'ordre apparent et l'harmonie de la nature, parmi les grands phénomènes qui portent la terreur et la désolation où ils apparaissent, il en est un qui se fait remarquer par ses formes bizarres et gigantesques, par les forces étrangères auxquelles il paraît obéir, par les lois inconnues et en apparence contradictoires qui le règlent, enfin par les désastres qu'il occasionne. Ces désastres sont eux-mêmes accompagnés de circonstances particulières si étranges, qu'on ne peut confondre leur cause avec les autres météores funestes à l'humanité. Ce météore si menaçant, si extraordinaire et heureusement si rare dans nos contrées, est celui qu'on désigne d'une manière générale par le mot *trombe*[1]. »

1. *Observations et recherches expérimentales sur les causes qui concourent à la formation des trombes,* par A. Peltier.

Les tourbillons les moins violents et les moins dangereux sont ceux que produit la rencontre des vents contraires et qui n'ont pour cause que l'impulsion mécanique des forces mises en mouvement pendant les grandes agitations de l'atmosphère. On voit souvent des tourbillons semblables se former dans les pays montagneux, où le vent s'engouffre dans les gorges, souffle dans des directions variables et parfois brusquement interrompues par les obstacles qui le détournent.

« J'ai souvent été témoin de ces phénomènes dans les Alpes, dit M. Kaemtz; je me contenterai de relater en détail le fait suivant : Un vent du sud très-fort soufflait sur le sommet du Rigi, et les nuages qui passaient à une grande hauteur au-dessus de ma tête couraient dans la même direction. Le vent du nord soufflait à Zurich et montait le long du versant nord de la montagne. Quand il atteignit le sommet, de légères vapeurs se formèrent et semblaient chercher à passer par-dessus la crête; mais le vent du sud les rejetant en arrière, elles montaient vers le nord sous un angle de 45 degrés et disparaissaient non loin du sommet. La lutte des deux vents contraires dura plusieurs heures. Un grand nombre de tourbillons se formèrent au point où les deux vents se rencontraient, et des voyageurs, qui du reste attachaient peu d'intérêt aux phénomènes météorologiques, furent frappés de ce singulier spectacle. »

Les tourbillons terribles qu'on rencontre surtout sous les tropiques ou qui accompagnent les grands orages, s'élèvent souvent au milieu du calme, et sont probablement produits par les forces plus redoutables de l'électricité. Les nuages, suivant Peltier, sont la source de ces forces, lorsqu'après une évaporation rapide, par des temps chauds et calmes, ils ont conservé l'électricité que les vapeurs contiennent et qui, le plus souvent, s'écoule dans le sol à travers l'atmosphère humide. Lorsque des nuages ainsi chargés d'électricité, et souvent accumulés en masses énormes, viennent concourir aux perturbations atmosphériques, ils agissent avec les forces qui leur sont propres, et ajoutent de puissantes influences d'attraction et de répulsion aux violentes impulsions de l'air. Toutes les observations relatives aux trombes tendent à prouver qu'elles sont le résultat d'une transformation de ces nuages électriques.

Avant l'apparition des trombes, qui sont beaucoup plus fréquentes sur mer que sur terre, des nuages noirs, orageux, s'agglomèrent, et on voit le nuage le plus inférieur s'abaisser, sous forme d'un cône renversé, dont le sommet s'approche plus ou moins du sol ou de la surface de la mer. Au-dessous de ce nuage qui descend, les eaux paraissent en ébullition, et la vapeur qui en sort s'élève comme une fumée. Sur la terre, les corps légers, la poussière, sont enlevés et forment des tourbillons. Quelquefois la pointe du cône touche la mer et y creuse une grande dépression circulaire, comme si un violent courant d'air en sortait. Plus rarement les eaux sont soulevées en forme de colonne ou de cône ascendant. Au milieu des nuages de vapeurs qui entourent la partie inférieure de la trombe, des gerbes d'eau s'élancent et retombent à l'extérieur. « Cet amas d'eau, dit Peltier, élevé en fumée tourbillonnante, ces jets ascendants et descendants, vus de loin, ont l'apparence d'un bosquet ou d'une charmille, que les navigateurs anglais ont nommé *bush*, buisson. »

Les trombes font presque toujours entendre un bruit assourdissant, un sifflement étrange, qui augmente ou diminue suivant que le terrain au-dessus duquel elles passent est plus ou moins humide. Elles sont fréquemment accompagnées de tourbillons de vent, d'éclairs, de tonnerre, de grêle et de pluie.

### Tourbillons électriques. — Tempêtes de poussière.

On a vu des trombes sèches ou trombes de vent causer de très-grands ravages sans avoir été précédées par l'agglomération de nuages opaques. Peltier admet que les vapeurs invisibles se groupent en nuages transparents, qui peuvent être chargés d'électricité comme les nuages opaques, et reproduire les mêmes phénomènes. On voit aussi dans les déserts, pendant les grands calmes et sous un soleil ardent, le sable s'élever au milieu de tourbillons électriques qui rappellent les trombes. Piddington[1] cite à ce sujet un très-intéressant résumé des observations faites dans l'Inde, par le docteur P. Baddeley :

« Mes observations se sont étendues depuis la saison chaude de 1847, époque de ma venue à Lahore pour la première fois, jusqu'en 1850; en voici le résultat :

« Les tempêtes de poussière sont causées par des colonnes spirales de fluide électrique passant de l'atmosphère à la terre; elles ont un mouvement en avant, un mouvement rotatoire comme les tempêtes tournantes à la mer, et un mouvement spiral particulier de haut en bas. Il paraît probable que, dans une tempête éten-

1. *Loi des tempêtes.* Traduction de M. Chardonneau, lieutenant de vaisseau.

due de poussière, la plupart de ces colonnes se meuvent ensemble dans la même direction et que, pendant la durée de la tempête, des rafales soudaines et nombreuses ont lieu à des intervalles dans lesquels la tension électrique est à son maximum.

« On peut observer les mêmes phénomènes dans tous les cas de tempêtes de poussière ; depuis celles de quelques pouces de diamètre jusqu'à celles qui ont cinquante milles d'étendue et au delà, les phénomènes sont identiques.

« C'est un fait curieux que quelques-unes des plus petites tempêtes de poussière qu'on voit, par occasion, dans les grandes plaines arides de ce pays et dans l'Afghanistan au-dessus du Bolan-Pass, et qu'on appelle *diables* dans le langage vulgaire, sont longtemps stationnaires, c'est-à-dire plus d'une heure ou presque autant; et, pendant tout ce temps, la poussière et les corps légers du sol conservent en l'air leur mouvement tourbillonnant. Dans d'autres cas, on voit les petites tempêtes de poussière avancer lentement, et quand elles sont nombreuses elles marchent ordinairement dans la même direction. Souvent des oiseaux, les milans et les vautours, planent au-dessus de ces endroits et suivent évidemment la direction de la colonne comme s'ils s'en réjouissaient. Je pense que les phénomènes liés aux tempêtes de poussière sont indentiques à ceux qui se présentent dans les trombes, dans les grains blancs à la mer, dans les tempêtes tournantes et dans les tornades de toute espèce, et qu'ils naissent de la même cause, c'est-à-dire de colonnes mobiles d'électricité.

« En 1847, à Lahore, désireux de m'assurer de la nature des tempêtes de poussière, je plaçai en l'air un fil de cuivre, isolé sur un bambou, au sommet de ma maison ; j'amenai une extrémité du fil dans ma chambre, et je le fis communiquer avec un électromètre[1] à lame d'or et un fil détaché comuniquant avec la terre. Un jour ou deux après, pendant le passage d'une petite tempête de poussière, j'eus le plaisir d'observer le fluide électrique passant par vives étincelles d'un fil à l'autre, et affectant fortement l'électromètre. Le fait était désormais expliqué; et depuis-lors j'ai observé, par le même moyen, au moins soixante tempêtes de poussière de diverses grandeurs; elles présentaient toutes le même phénomène.

« J'ai obervé que, communément, vers la fin d'une tempête de cette espèce, la pluie tombe soudain, et qu'instantanément le courant d'électricité cesse ou diminue beaucoup ; quand il continue, il semble que c'est seulement dans les cas où la tempête est forte et doit encore avoir une certaine durée. »

L'auteur s'arrête ensuite sur sa manière d'observer ; puis il continue à décrire les tourbillons :

« Le ciel est clair ; pas un souffle d'air en mouvement ; vous voyez bientôt un banc de nuages très-bas à l'horizon, que vous vous étonnez de n'avoir pas observé auparavant : quelques secondes se sont passées, et le nuage a couvert un demi-hémisphère ; il n'y a pas de temps à perdre : c'est une tempête de poussière, et chacun à la hâte se précipite dans sa maison pour éviter d'y être enveloppé.

« Le fluide électrique continue sans cesse à descendre par le fil conducteur pendant la durée de la tempête ; les étincelles ont souvent plus d'un pouce

1. Instrument qui sert à mesurer la force de l'électricité.

de longueur et émettent un sourd craquement; son intensité varie avec la force de la tempête et, ainsi qu'on l'a dit précédemment, est plus forte pendant les rafales.

« L'une de ces tempêtes, arrivée l'année dernière au mois d'août, semblait venir de la direction de Lica sur l'Indus, à l'ouest de Lahore. Un officier en marche, à vingt milles de distance de Lica, en fut soudain enveloppé : sa tente fut emportée et il fut lui-même renversé et presque suffoqué par le sable. A Lica, le tourbillon lézarda les murs d'une solide habitation en briques, dans laquelle cet officier avait récemment logé, et déracina quelques arbres aux environs.

« J'ai quelquefois essayé de déterminer le genre de l'électricité, et j'ai trouvé qu'elle n'est pas invariablement de même espèce : quelquefois elle paraît positive, d'autres fois négative : elle change pendant les tempêtes. »

### Trombes de mer.

Les effets extraordinaires produits par les trombes, leur étrange puissance de destruction, la singularité de leurs formes, font comprendre qu'on ait pu jadis les regarder comme des mauvais esprits qui, sous ce prodigieux déguisement, se plaisaient à ravager les campagnes en y répandant la terreur. La superstition attribue encore quelquefois une sorte de personnalité à ces météores destructeurs, dont le monstrueux aspect et la marche capricieuse frappent vivement l'imagination, qui, l'ignorance aidant, peut enfanter les plus bizarres croyances, heureusement bientôt détruites aujourd'hui par les lumières de la science et de la raison.

Peltier a reproduit la relation suivante d'une trombe vue par le docteur Leymérie, le 2 septembre 1804, à bord du cutter *le Vautour* :

« Ce bâtiment venait de Cayenne, se dirigeant vers les côtes d'Afrique; il n'était plus éloigné de la rivière de Gambie, lorsque la trombe se forma. Avant sa formation, il régnait un calme plat; les journées précédentes avaient été très-chaudes et, depuis le matin, le ciel s'était couvert de nuages épais. Le cutter poursuivait un négrier anglais, lorsque tout à coup on vit s'élever de la mer une colonne d'eau de cent mètres environ, qui alla se joindre à une colonne de vapeur descendant de la nue. C'est à cet instant que le calme cessa et que la tempête commença à sévir avec violence. La colonne n'était pas formée par de l'eau à l'état liquide, mais à l'état de vapeur très-dense, comme on l'a constaté un grand nombre de fois. Cette colonne était lumineuse dans toute son épaisseur; elle avait une apparence phosphorescente et un peu jaunâtre ou fauve. La mer était elle-même resplendissante de lumière, et le vaisseau laissait derrière lui un long sillage de feu. La tempête dura quatorze heures et causa de nombreux sinistres dans ces parages. »

Les marins ont souvent recours au canon pour rompre les trombes. Lorsque le boulet les traverse, on les voit quelquefois se séparer en deux parties, qui, le plus souvent, ne tardent pas à se réunir encore. Il arrive aussi que le boulet fait jaillir l'eau des deux côtés, sans rien changer pourtant au phénomène.

Les trombes, ainsi que le fait observer Peltier, présentent assez fréquemment un fait remarquable, qui paraît inconciliable avec la théorie des tourbillons de vent comme cause de ce phénomène : plusieurs origines

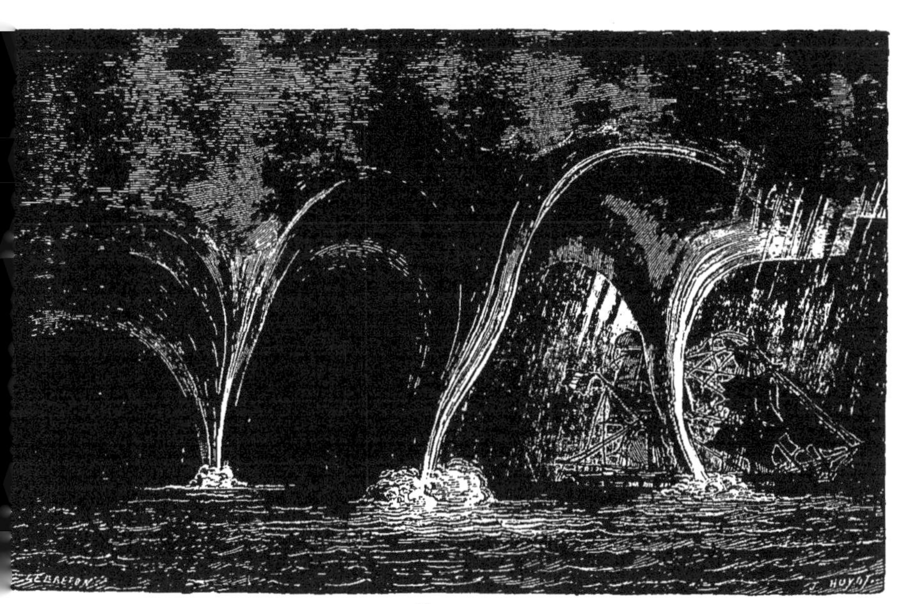


Trombes.

sortent de la nue et se réunissent bientôt en un même cylindre. Il est difficile de démontrer que divers tourbillons viennent ainsi se réunir à un seul, tandis que les attractions électriques peuvent déterminer ce mode d'union. On voit de même le cône nuageux se diviser en plusieurs spirales qui se réunissent et se redivisent encore, ce qui doit écarter l'idée d'une impulsion due aux tourbillons de vent.

### Trombes terrestres.

Nous reproduirons maintenant deux relations de trombes terrestres, qui donneront une juste idée de ce terrible météore. La première a été observée et décrite par un savant météorologiste, le professeur Grossmann :

« Le 25 juin 1829, vers deux heures de l'après-midi, à une lieue au-dessous de Trèves, à l'est-nord-est de Ruwer et de Pfalzel, à environ 29 degrés au-dessus de l'horizon, un phénomène se montra, qui frappa d'étonnement et mit pendant une demi-heure dans une attente inquiète un grand nombre d'hommes qui étaient occupés au dehors.

« Le ciel, à la suite de la pluie qui venait d'avoir lieu, était encore couvert, lorsque tout à coup, du milieu d'un nuage noir qui s'élevait de l'est-nord-est, une masse lumineuse commença à se mouvoir en sens contraire et à le déchirer violemment. Le nuage prit bientôt, vers le haut, la forme d'une cheminée, de laquelle se serait échappée une fumée d'un gris blanchâtre, mélangée par intervalles de jets de flamme, et s'élevant par plusieurs ouvertures avec autant de force, ainsi s'exprimèrent un certain nombre de témoins, que si elle avait été chassée avec la plus grande vivacité par plusieurs soufflets.

« Le météore était arrivé au-dessus des vignes de Disburg et vis-à-vis Ruwez, lorsque, à quelque distance plus au sud, sur la rive droite de la Moselle, tout à fait en contact avec le sol, un nouveau météore apparut subitement. Il dispersa des masses de charbon entassées autour d'un arbre, renversa un ouvrier d'un four à chaux, et se précipita à travers la Moselle avec un fracas épouvantable, comme si un grand nombre de pierres se heurtaient ensemble. L'eau s'élança en une haute colonne.

« Continuant à rouler avec le même fracas, le météore, toujours à terre, se dirigea à travers les campagnes de Pfalzel, laissant partout des traces évidentes de sa route en zigzag dans les champs de blé et de légumes. Une partie des récoltes fut entièrement détruite, une autre partie couchée et hachée, le reste enlevé au loin dans les airs.

« Plusieurs femmes, près desquelles passa le météore, s'évanouirent; d'autres plus éloignées se cachèrent ou s'enfuirent en criant : « Tous les champs sont en feu. » Deux ouvriers, qui étaient montés sur un arbre, observèrent le météore dans tout son trajet; un autre eut même la pensée courageuse de le suivre, et cela était facile en marchant d'un pas ordinaire. Dans un des zigzags qu'il décrivait, le météore l'enveloppa tout à coup. Il se sentit tantôt tiré en avant, tantôt violemment soulevé. Il se pencha en s'appuyant fortement à terre avec ses outils; mais il n'en fut pas moins jeté à la renverse. Le tourbillon cependant l'abandonna et continua sa route. Cet ouvrier ne se souvient d'aucune impression particulière qui aurait affecté soit l'odorat, soit le goût mais seulement d'un bruit assourdissant. Il y avait deux courants, dont l'un s'élevait obliquement, entraînant les tiges et les épis avec d'autres corps légers, l'autre avait une direction contraire.

« La route que le météore s'était frayée à travers les champs avait, suivant différents rapports, de dix à dix-huit pas de largeur sur une longueur de deux mille cinq cents pas. Sa forme était à peu près conique; sa couleur était tantôt gris blanc ou jaune, tantôt brun obscur, le plus souvent celle du feu. Le premier météore resta en l'air au-dessus du second et suivit une marche à peu près parallèle, en allant vers le nord. Il présenta, pendant environ dix-huit minutes, une grande masse d'un gris blanchâtre, qui semblait souvent vomir de la fumée rouge de flamme, et qui, vue à la distance d'environ une demi-lieue, avait la forme d'un serpent de cent quarante pas de long, dont la tête était vers le nord-nord-est, la queue à l'opposite.

« En huit à dix minutes de temps, la queue s'était changée déjà en s'abaissant. Au moment où elle allait toucher la tête, tout le phénomène disparut, et en même temps aussi le météore inférieur, sans que ni de la partie élevée en l'air, ni, comme l'assure un témoin oculaire, de la partie inférieure, il partît aucune détonation. Mais alors une forte odeur de soufre se répandit sur toute la campagne. Presque aussitôt un orage éclata sur les bois situés au nord-nord-ouest du lieu où s'était montré le météore, et fut accompagné d'une grêle à grains extraordinairement gros.

« Le soleil ne parut point pendant tout ce temps, à ce qu'affirment la plupart des spectateurs. Il n'y avait aucun souffle de vent.

« Le météore supérieur fut aperçu de Gutweiler, Cassel et autres endroits, comme aussi de Trèves. Il paraissait descendre des hauteurs de Hochwald. »

### Trombe de Monville.

La trombe de Monville et Malaunay produisit des effets encore plus épouvantables. La description insérée dans les comptes rendus de l'Académie des sciences a été ainsi résumée par M. le professeur Daguin[1]. : « Le 19 août 1844, il régnait aux environs de Rouen un vent violent du sud; dans l'après-midi, un vent du sud-ouest, chassant des nuages très-noirs, rencontra le vent du sud, et forma un violent tourbillon, animé d'un mouvement de translation qui arracha cent quatre-vingts gros arbres en les tordant presque tous, et renversa une sécherie dépendant d'une fabrique d'indiennes. Au même moment, il tomba une forte averse accompagnée de grêle et de tonnerre. Il n'y avait pas encore de trombe proprement dite. Après s'être éloigné et avoir parcouru 41 kilomètres, ce tourbillon revint tout à coup dans la vallée, près de Malaunay et Monville, en traversant un bois dont les arbres furent brisés près de leur base. C'est alors qu'il se forma un énorme cône à contours nettement dessinés, et noirs comme la fumée du charbon de terre. Le sommet était d'un jaune rouge; des éclairs s'échappaient du cône, et on entendait un fort roulement. En quelques secondes, la trombe se porta successivement, avec une rapidité effrayante et en zigzags, sur trois filatures con-

1. *Traité de physique* théorique et expérimentale, avec ses applications à la météorologie et aux arts industriels, par P. A. Daguin, professeur à la Faculté des sciences de Toulouse.

sidérables qu'elle écrasa avec tous leurs ouvriers. Les toits furent soulevés, et il ne resta pas pierre sur pierre. Les métiers étaient tordus, les fortes pièces brisées, principalement dans les endroits où il y avait de grosses masses métalliques. Les arbres, dans les environs, étaient renversés en tous sens, clivés et desséchés, sur une longueur de 2 à 7 mètres. En déblayant, pour tâcher de sauver les malheureux ensevelis sous les décombres, on remarqua que les briques étaient brûlantes. On trouva des planches carbonisées, du coton brûlé et roussi; beaucoup de pièces de fer ou d'acier se trouvèrent aimantées. Des cadavres présentaient des traces de brûlures, d'autres n'avaient pas de lésions apparentes, comme s'ils avaient été frappés de la foudre. Des ouvriers, qui furent lancés dans les prairies environnantes, s'accordèrent à dire qu'ils avaient vu de vives lueurs et senti une forte odeur de soufre. Des personnes placées sur des hauteurs, virent les usines enveloppées par la trombe, couvertes de flammes et de fumée. La largeur de la bande ravagée était de 220 mètres sur le plateau de Malaunay, à 2 kilomètres du point où les dégâts avaient commencé, de 307 mètres au milieu, et de 60 mètres près de Clères, où la trombe disparut. La longueur de la bande, à vol d'oiseau, était de 15 kilomètres.

« Un résultat très-remarquable, c'est que des débris de toute sorte, ardoises, vitres, planches, pièces de charpente mêlées de coton, sont tombés près de Dieppe, à une distance de 25 à 38 kilomètres du lieu de la catastrophe. Ces divers objets ont été aperçus dans les airs par plusieurs personnes, qui les prirent pour des feuilles d'arbres, tant ils étaient élevés. Parmi ces débris, on cite une planche de $1^{m},04$ de longueur, de

$0^m,12$ de largeur, et de $0^m,01$ d'épaisseur. Heureusement toutes les trombes ne sont pas aussi formidables que celle que nous venons de décrire. »

Lorsqu'un orage se transforme en trombe, le bruit du tonnerre cesse aussitôt. Les décharges électriques ont lieu par les nuages abaissés et par les arbres qui se trouvent sur le passage du météore. Ces arbres, traversés par l'électricité, sont desséchés en un instant, et la tourmente les brise, au lieu de les arracher. L'énorme trombe qui ravagea la commune de Chatenay, le 18 juin 1839, détruisit ainsi toutes les plantations dans la vallée située entre les collines d'Écouen et le monticule de Chatenay. « Quinze cents pieds d'arbres, dit Peltier, ont évidemment servi de conducteurs à des masses d'électricité, à des foudres continuelles, incessantes. La température, fortement élevée par cet écoulement du fluide électrique, a vaporisé instantanément toute l'humidité de ces conducteurs végétaux, et cette vaporisation les a fait éclater tous longitudinalement. »

### Tornades.

Les tempêtes-ouragans ou *cyclones*, pendant lesquelles le vent souffle avec une violence extraordinaire, en sautant, plus ou moins subitement, d'un point à l'autre de l'horizon, sont aussi classées parmi les phénomènes effrayants dont le mouvement tourbillonnant paraît dû à une immense action électrique. Toutes les descriptions montrent que ces météores sont produits, comme les trombes, par des couches de nuages orageux.

Les *tornades* de la côte occidentale d'Afrique sont

quelquefois des coups de vent rectilignes comme les *pampères* de l'Amérique du Sud et les *grains arqués* du détroit de Malacca « qui s'élèvent, dit Horsburgh[1], avec un arc noir de nuages montant rapidement de l'horizon au zénith, et donnant à peine le temps de réduire la voilure. » Mais dans la plupart des cas, ces tornades sont de véritables « cyclones en miniature, » suivant la juste expression de Piddington.

« A l'approche d'une tornade, dit M. Hopkins dans son ouvrage sur les perturbations atmosphériques[2], une masse épaisse de nuages se rassemble à l'est et à l'horizon ; elle est accompagnée de bruits fréquents, sourds, mais brefs, rappelant le rugissement de quelque animal sauvage. Ce banc de nuages couvre graduellement une partie de l'horizon et s'étend de-là au zénith ; mais généralement, auparavant, un petit arc rayonnant et bien tranché paraît au bord de l'horizon et augmente graduellement. Bien avant qu'il atteigne le navire on entend le sifflement du vent, qui produit presque autant de bruit que le grondement du tonnerre lorsqu'il semble séparer violemment les nuages les uns des autres. La course du grain est distinctement marquée par la ligne d'écume qu'il soulève. »

La description suivante de M. Mingraden[3] complète ces observations : « Lorsque la tornade se rapproche, on remarque que la pluie bouillonne en torrents, et que les éclairs partent des nuages avec une telle pro-

1. *East India Sailing directions.*
2. *On the atmospheric changes which produce rain wind and storms.*
3. *Quaterly journal of science*, 1837.

fusion qu'ils ressemblent à de continuelles décharges de fluide électrique. Quand cependant le grain arrive à la distance d'un demi-mille du navire, ces apparences électriques cessent tout à fait. La pluie seulement continue de la même manière. Lorsque la tornade passe sur le navire, on entend distinctement un sourd craquement dans le gréement, occasionné par la descente du fluide électrique le long des mâts, dont les pointes servent à l'attirer ; et on m'a dit que l'on voit, quand ce phénomène a lieu la nuit, toutes les parties du gréement s'illuminer. Quand le grain a dépassé le navire d'environ un demi-mille, les mêmes signes qui le caractérisaient dans sa venue de terre reparaissent exactement, et avant d'atteindre la même distance du navire. Les éclairs descendent de nouveau en nappes continues et en telle abondance qu'ils ressemblent aux torrents de pluie qui accompagnent le grain. Ces grains ont lieu tous les jours pendant une certaine saison de l'année appelée la saison de l'harmattan[1]. Le jet de nuages noirs venant des montagnes commence à paraître vers neuf heures du matin, et atteint la mer vers deux heures de l'après-midi. Un autre fait très-singulier suit ces tornades : après avoir tourbillonné sur huit ou neuf lieues d'étendue, elles disparaissent, et l'on voit des éclairs s'élever de la mer. La violence du vent pendant la durée de la tempête est excessive. »

Le mouvement circulaire de l'air, au commencement des tornades, est indiqué par le tournoiement des feuilles et des brindilles que le vent soulève. Ces mé-

1. On appelle *harmattan* un vent sec qui souffle de l'intérieur de l'Afrique vers l'Atlantique, principalement dans les mois de décembre, janvier et février.

téores précèdent la saison des pluies et sont plus ou moins violents selon l'état de l'atmosphère. Ordinairement ils ne durent guère, et ils se terminent toujours par une forte averse, qui ranime la végétation et rafraîchit l'air échauffé par une ardente chaleur. Aussi éprouve-t-on, après leur passage, une vivifiante sensation de bien-être.

### Cyclones. — Ouragans.

Piddington cite une rencontre de deux tornades, qui par leur violence, peuvent être comparées aux cyclones. Le phénomène fut observé à Charleston, dans la Caroline du Sud, le 2 mai 1761, à deux heures de l'après-midi.

« .... La tornade traversa la rivière Ashley et tomba sur les navires, au mouillage de la Rébellion, avec assez de furie pour menacer de destruction la flotte entière. On la vit, de la ville, venir d'abord rapidement vers la crique Wappo, semblable à une colonne de fumée, dont le mouvement était très-irrégulier et tumultueux. La quantité de vapeur qui composait cette colonne et sa prodigieuse vitesse produisirent une action tellement vive, qu'elle agita la rivière Ashley jusqu'au fond, et laissa le chenal à découvert. Le flux et le reflux firent flotter à grande distance les embarcations. Quand elle atteignit la rivière, elle fit un bruit pareil au tonnerre continu ; son diamètre, à ce moment, fut estimé à 300 brasses (1500 pieds), et sa hauteur, vue de Charleston, à 25 degrés. Elle fut rencontrée à la pointe Blanche par un autre tourbillon, qui descendait de la rivière Cooper, mais n'était pas égal au premier. A leur rencontre, l'agitation tumultueuse de l'air fut beaucoup plus grande; l'écume et la vapeur paraissaient jetées à la hauteur de quarante degrés, pendant que les nuages, qui couraient dans toutes les directions vers cet endroit, semblaient s'y précipiter et tourbillonner en même temps avec une incroyable rapidité. Le météore tomba ensuite sur les navires en rade et mit trois minutes à les atteindre, quoique la distance fût de près de deux lieues. Sur quarante-cinq navires, cinq furent coulés bas sur-le-champ; le navire de l'État *Dolphin*, et onze autres, furent démâtés. Le dommage, évalué à plus de 5 millions, fut fait instantanément, et même les navires coulés furent engloutis si rapidement, que les personnes qui étaient en bas eurent à peine le temps de monter sur le pont. Le tourbillon de la rivière Cooper changea la marche de la tornade de la crique Wappo, qui sans cela aurait, en continuant sa route, emporté devant elle, comme de la paille, la ville de Charleston.

« Cette terrible colonne fut aperçue d'abord vers midi à plus de 50 milles ouest-sud-ouest de la rade; elle détruisit tout sur sa route, faisant avenue complète quand elle passait dans les arbres. La perte des cinq navires fut si soudaine, qu'on ne sait si ce fut le poids de la colonne qui la produisit, ou bien si ce fut la masse d'eau chassée sous eux qui les fit sombrer. »

C'est aux Antilles, dans le golfe du Mexique, dans la mer des Indes, qu'éclatent les ouragans les plus désastreux, les formidables cyclones pendant lesquels la nature semble revenir au chaos primitif. « Quelquefois, dit un ancien auteur[1], vers le côté de l'horizon d'où

1. *Nautical magazine*, 1841 (Eolian Researches).

arrive la tempête, on voit d'abord comme un nuage, flamboyant de la façon la plus étonnante, et quelques-uns de ces ouragans et tourbillons ont paru aussi terribles que s'il se passait une entière conflagration de l'air et des mers. Le capitaine Prowd, de Stephey, dans un de ses voyages aux Indes orientales, rencontra une tempête de ce genre, dont j'ai quelques détails, extraits de son journal. La mer était entièrement agitée; et, ce qui fut le plus remarquable et le plus effrayant, le ciel devint étonnamment rouge et enflammé dans les parties nord de l'horizon; le soleil était alors au méridien. On y vit les signes d'une tempête, qui arriva suivant les prévisions. A mesure que croissait l'épaisseur de la nuit, la violence du vent grandissait aussi, jusqu'à ce qu'il finit par un ouragan terrible. A une heure après minuit, il arriva à une telle force qu'on ne put garder aucune voile; sept hommes pouvaient à peine gouverner; toute l'atmosphère, le ciel et la mer en furie, ne semblaient qu'une seule masse de feu. »

Une relation officielle du formidable ouragan qui dévasta la Guadeloupe, le 25 juillet 1825, contient le passage suivant :

« Le vent au moment de sa plus grande intensité, paraissait lumineux; une flamme argentée, jaillissant par les joints des murs, les trous des serrures et autres issues, faisait croire, dans l'obscurité des maisons, que le ciel était en feu. »

Quelquefois, du côté de l'horizon d'où le cyclone arrive, on voit un épais banc de nuages, d'une menaçante obscurité, d'où s'écoulent des nappes d'éclairs, dont « la terrible magnificence » rappelle, suivant Piddington, les splendeurs de l'aurore boréale. En même temps la mer se couvre de lueurs phosphorescentes, qui remplissent la sombre nuit de pâles clartés ; tandis que pendant le jour un ciel rouge de sang étend sur tout l'horizon sa teinte sinistre. Un calme profond précède presque toujours la tourmente, qui s'annonce aussi par le « rugissement éloigné des éléments, comme si les vents s'engouffraient sous une voûte. Ces grondements lointains rappellent le bruit de l'orage dans les cavernes. »

La mer prend une couleur trouble, brise en bouillonnant sur les côtes, et se soulève parfois en lames énormes, les « lames de tempête, » produites par l'approche du cyclone. L'élévation du niveau des eaux, qui est presque toujours l'indice de violentes bourrasques ou de grandes pluies, cause souvent des inondations sur les plages battues par l'ouragan.

Le diamètre de l'immense météore varie de 50 à 100 milles et quelquefois plus ; ce disque d'air tourbillonnant n'a probablement jamais plus de 1 à 10 milles en hauteur verticale. Placé sur une cime comme le pic de Ténériffe, le marin pourrait le voir passer au-dessous de lui, de même que, dans les Alpes, les voyageurs voient souvent l'orage dévaster à leurs pieds les vallées inférieures. Dans la plupart des cas, le disque du cyclone est si mince qu'on voit distinctement le ciel à travers les noires masses de nuages. Piddington cite les extraits suivants du journal de bord de deux capitaines :

« Voici un fait très-remarquable : tandis que tout autour de l'horizon paraissait un banc obscur d'épais nuages, le ciel au zénith était si parfaitement clair qu'on voyait les étoiles ; et chacun à bord remarqua, au-dessus de la tête du mât de misaine, une étoile filante d'un éclat tout à fait particulier.

Ouragan.

« Pendant que nous étions à la cape, les nuages se déchirèrent et le soleil, sur toute la surface de l'eau, donna à l'écume une teinte aussi blanche que la neige, et colorée comme l'arc-en-ciel dans toutes ses directions. »

De nombreuses observations tendent à prouver que les disques de tempête sont presque toujours inclinés en avant. Tandis que le front de l'ouragan laboure la mer ou le sol, la partie arrière se relève et montre des traînées de nuages qu'on voit tourbillonner d'une manière extraordinaire. De fortes décharges électriques se produisent en même temps et annoncent la fin du cyclone.

Les typhons de l'océan Indien sont précédés par les mêmes signes et accompagnés par les mêmes phénomènes que les cyclones de l'Atlantique, dont ils ne diffèrent que par quelques particularités sans importance. Dans la mer de Chine, les plus forts de ces ouragans sont nommés « tourbillons de fer. »

L'épouvantable mer qu'ils soulèvent, la formidable violence du vent, soufflant dans des directions opposées d'un côté à l'autre du disque, le calme dangereux qui règne au centre et qui laisse le navire immobile, sous le choc de vagues monstrueuses, la pluie torrentielle, l'effroyable tumulte des éléments, tout s'unit pour rendre la lutte impossible au marin. C'est surtout pendant la nuit, au milieu de profondes ténèbres, sous l'éclair livide ou dans l'étrange lueur phosphorescente qui parfois enveloppe le navire, que l'horreur du spectacle défie toute description. « Si les vents sont déchaînés dans une tempête, dit un vieux marin, Thomas Fuller, ils sont fous furieux dans les ouragans. » Dans son *Voyage à l'île de France*, Bernardin de Saint-Pierre donne la très-exacte description d'un ouragan dont il fut témoin :

« Le 23 décembre au matin, les vents étant au sud-est, le temps se disposa à un coup de vent. Les nuages s'accumulèrent au sommet des montagnes. Ils étaient olivâtres et couleur de cuivre. On en remarquait une longue bande supérieure qui était immobile. On voyait des nuages inférieurs courir très-rapidement. La mer brisait avec grand bruit sur les récifs. Beaucoup d'oiseaux marins venaient du large se réfugier à terre. Les animaux domestiques paraissaient inquiets. L'air était lourd et chaud, quoique le vent ne fût pas tombé.

« A tous ces signes qui présageaient l'ouragan, chacun se hâta d'étayer sa maison avec des arcs-boutans, et d'en condamner toutes les ouvertures.

« Vers les dix heures du soir, l'ouragan se déclara. C'étaient des rafales épouvantables, suivies d'instants de calme effrayant, où le vent semblait reprendre des forces. Il fut ainsi en augmentant pendant la nuit. Ma case en étant ébranlée, je passai dans un autre corps de logis. Mon hôtesse fondait en larmes dans la crainte de voir sa maison détruite. Personne ne se coucha. Vers le matin, le vent ayant encore redoublé, je m'aperçus que tout un front de la palissade de l'entourage allait tomber, et qu'une partie de notre toit se soulevait à l'un des angles : avec quelques planches et des cordes, je fis prévenir le dommage. En traversant la cour pour donner quelques ordres, je pensai plusieurs fois être renversé. Je vis au loin des murailles tomber, et des couvertures dont les lambeaux s'envolaient comme des jeux de cartes.

« Il tomba de la pluie vers les huit heures du matin, mais le vent ne cessa point. Elle était chassée horizontalement et avec tant de violence, qu'elle entrait comme autant de jets d'eau par les plus petites ouvertures.

« A onze heures, la pluie tombait du ciel par torrents. Le vent se calma un peu; les ravines des montagnes formaient de tous côtés des cascades prodigieuses. Des parties de roc se détachaient avec un bruit semblable à celui du canon. Elles formaient en roulant de larges trouées dans les bois. Les ruisseaux débordaient dans la plaine, qui était semblable à une mer.

« A une heure après midi, les vents sautèrent au nord-ouest. Ils chassaient l'écume de la mer par grands nuages sur la terre. Ils jetèrent du port sur le rivage les navires, qui tiraient en vain le canon; on ne pouvait leur envoyer du secours. Par ces nouvelles secousses, les édifices furent ébranlés en sens contraire et presque avec autant de violence. Les vents firent ainsi le tour de l'horizon dans les vingt-quatre heures, suivant l'ordinaire; après quoi, tout se calma.

« Beaucoup d'arbres furent renversés, des ponts furent emportés. Il ne resta pas une feuille dans les jardins. L'herbe même, ce chiendent si dur, paraissait en quelques lieux rasée au niveau de la terre. »

Quoique ces terribles météores soient surtout fréquents dans la zone torride, ils apparaissent aussi quelquefois dans nos climats tempérés, sur les côtes de l'Atlantique et de la Méditerranée. Nous verrons bientôt comment nos observatoires météorologiques peuvent les suivre dans leur course et prévenir à temps les points menacés.

« Ces convulsions de la nature, dit Peltier, parais

sent nécessaires pour rétablir l'équilibre dans l'atmosphère, et souvent, malgré les terreurs qu'elles inspirent, les habitants des contrées qu'elles ravagent les appellent de tous leurs vœux. »

Des brumes épaisses, stagnantes, causes de maladies, sont dissipées par la tempête; d'abondantes pluies raniment partout la vie et répandent la fraîcheur; l'air devient pur et léger; renouvelé par l'action électrique des orages, il rend leur vigueur à l'homme et aux animaux alanguis par l'accablante chaleur de l'ardente saison, leur éclatante verdure aux plantes flétries. Aux bouleversements de l'ouragan, aux noires tempêtes, aux torrents de pluie, aux éclairs et aux foudres, succèdent la sérénité des beaux jours, le calme, la pure lumière, la beauté d'un incomparable printemps.

## VII

### ARC-EN-CIEL. — COURONNES ET HALOS.

Description de l'arc-en-ciel. — Marche de la lumière dans les gouttes d'eau. — Aspects variés de l'arc. — Arcs supplémentaires. — Cercles d'Ulloa. — Couronnes. — Halos colorés. — Parhélies. — Arcs blancs. — Anthélies. — Halo de Cléré.

#### Description de l'arc-en-ciel.

« O toi, lumière éternellement une, demeure là-haut, avec l'Être éternellement un. Toi, changeante couleur, descends amicalement vers l'homme. » (SCHILLER.)

Aucune scène de la nature ne symbolise mieux cette belle pensée du poëte que l'arc magnifique peint par le soleil sur les nuages sombres d'un orage qui s'éloigne. De tout temps, l'arc-en-ciel a charmé les imaginations et fait naître dans les âmes un sentiment de soulagement et d'espérance. L'Hébreu, frappé du souvenir des inondations diluviennes, sentait son âme inquiète se rasséréner à sa vue. C'était pour lui le signe du pardon de Jéhovah. L'imagination riante des Grecs faisait de l'arc-en-ciel le présage d'une heureuse nouvelle annoncée à la terre. La déesse Iris, messagère de l'Olympe, laissait flotter sur le nuage son écharpe diaphane.

L'ingénieuse fiction disparaît devant la science, et l'explication de cette belle apparition forme aujourd'hui une des parties les plus complètes de la théorie physique de la lumière. C'est à Képler, dont le génie fut fécond dans tant de directions, qu'on doit la première découverte des causes du phénomène ; il la consigna, mais très-brièvement, dans une lettre écrite en 1601. Newton étudia ces causes avec toute la rigueur géométrique, et put rendre compte des diverses modifications observées dans l'arc-en-ciel. Après avoir calculé toutes ses dimensions, il en vérifia l'exactitude par l'expérience directe.

On n'aperçoit jamais d'arc-en-ciel que lorsqu'on a le dos tourné au soleil, la région qu'on regarde étant traversée par la pluie provenant d'un nuage, d'une cascade, ou simplement d'un jet d'eau. Quand la mer est soulevée par un vent violent et que le soleil éclaire la poussière formée par l'écume des vagues, on y voit souvent se peindre des courbes irisées.

En général, le phénomène présente deux arcs concentriques, laissant entre eux un assez grand intervalle : leur centre, ainsi qu'il est facile de s'en assurer, correspond au point du ciel où serait placée l'ombre de la tête de l'observateur. La courbe intérieure, visible le plus souvent, offre la série des rayons prismatiques, disposée de manière à ce que le violet soit en dedans et le rouge en dehors. Dans la courbe extérieure, dont les couleurs sont beaucoup plus faibles, l'ordre de la série est inverse. Quelquefois on aperçoit trois arcs, mais c'est un cas très-rare ; le troisième, de teinte ex-

Arc-en-ciel.

trêmement pâle, présente alors les couleurs rangées dans le même ordre que dans le premier.

La dimension des arcs dépend de la hauteur du soleil. Il faut qu'il soit à l'horizon pour que l'observateur placé à la surface de la terre puisse voir des arcs embrassant une demi-circonférence. Ce n'est qu'au sommet des montagnes ou dans un ballon qu'on voit se former des cercles entiers, qui apparaissent aussi quelquefois dans la poussière des grandes chûtes d'eau. Nous avons joui de ce rare spectacle en contemplant la magnifique cascade du Reichenbach. Le soleil se levait et les brillantes couronnes aériennes flottaient au-dessus du gouffre dans lequel se précipitaient les eaux. De grands arcs irisés se dessinent aussi sur la vapeur blanche qui s'élève au-dessus de la chute du Niagara.

La lumière de la lune produit des arcs-en-ciel, mais le reflet jaunâtre répandu sur toutes les couleurs contraste avec la teinte si vive des arcs solaires. On ne peut voir que l'arc principal, et il est difficile d'y distinguer la variété des rayons du prisme. Pendant un orage auquel nous assistions en pleine mer, une colonne lumineuse ayant l'aspect le plus étrange descendit du ciel. L'équipage du bâtiment fut saisi d'effroi, et cependant le météore était entièrement inoffensif. La pleine lune, teinte en rouge, s'élevait en ce moment sur l'horizon, et la colonne de feu était un fragment d'arc-en-ciel qu'elle peignait sur une nappe de pluie.

### Marche de la lumière dans les gouttes d'eau.

Toutes les apparences du phénomène de l'arc-en-ciel montrent qu'il est produit par une modification de la lumière qui s'opère dans les gouttes d'eau. Ces gouttes sont généralement sphériques et, pendant la pluie, se succèdent avec tant de rapidité en chaque point, qu'on peut raisonner comme si elles s'y maintenaient immobiles. Le rayon qui pénètre dans la goutte se réfracte et se décompose. Au lieu d'en sortir tout entier, il se réfléchit en partie sur la surface concave opposée au point par lequel il est entré, et chemine dans l'intérieur du globule, jusqu'à ce qu'il rencontre de nouveau sa surface. Là une division semblable s'opère : une portion de lumière passe dans l'air, et une autre se réfléchit. Par une construction géométrique, on démontre que les gouttes qui peuvent envoyer à l'œil de l'observateur des rayons réfléchis une, deux ou trois fois, se trouvent placées à certaines hauteurs, et forment des bandes colorées circulaires ayant chacune une largeur égale au diamètre de l'image du soleil. Les bandes correspondantes à la réflexion unique se trouvent à la distance angulaire d'à peu près 40 degrés du centre; celles dont la lumière s'est réfléchie deux fois sont plus éloignées de 9 degrés. Dans chaque groupe, les différences dérivant de la dispersion sont assez petites pour que les bandes se superposent et donnent naissance à la série, tantôt directe, tantôt inverse, des couleurs du spectre.

On peut vérifier, dans une chambre noire, la marche des rayons lumineux à travers les gouttes de pluie. Un fil passant sur des poulies y suspend une sphère en verre mince remplie d'eau. Quand on se place de manière à ce qu'un rayon tombant sur cette sphère fasse avec la ligne qui la joint à l'œil un angle d'à peu près 42 degrés, on peut voir successivement toutes les couleurs du spectre, à partir du rouge, en descendant peu à peu la sphère. Si l'eau est trouble,

Arcs irisés des cascades.

on distingue la marche du rayon et on reconnaît qu'il éprouve une seule réflexion. Quand l'angle formé par les deux lignes est de 54 degrés et qu'on fait tomber le rayon sur la partie inférieure de la sphère, on voit les couleurs se succéder dans le même ordre en la faisant monter progressivement. Les deux réflexions se distinguent alors facilement dans l'eau.

D'après l'explication qui précède, on voit que l'arc-en-ciel est un phénomène tout à fait local. Chacun des spectateurs voit un arc différent. Si le nuage pluvieux est rapproché, deux observateurs, placés à quelque distance l'un de l'autre, voient les extrémités de leurs arcs s'appuyer sur des points différents du sol. Le fait paraît surtout évident, quand on est placé vis-à-vis d'une montagne sur laquelle l'arc se projette.

**Aspects variés de l'arc. — Arcs supplémentaires.**

Il peut arriver que le soleil soit réfléchi vers un nuage dans la surface d'une eau tranquille et que cette réflexion engendre aussi un arc-en-ciel. Le calcul montre qu'alors cet arc doit couper l'arc formé directement à une hauteur qui dépend de celle de l'astre. Si les deux phénomènes produisent l'arc secondaire, les quatre courbes entrelacées présentent un très-beau spectacle. Une circonstance où elles se trouvaient complètes et parfaitement distinctes est citée par Monge. Halley a observé trois arcs, dont l'un était formé par les rayons réfléchis sur une rivière. Cet arc coupait d'abord l'arc extérieur de manière à le partager en trois parties égales. Quand le soleil s'abaissa vers l'horizon, les points de rencontre se rapprochèrent. Il n'y en eut bientôt plus qu'un seul, et, comme les couleurs étaient dans un ordre inverse dans les deux arcs, le blanc parfait se forma à ce point de rencontre par la superposition des deux séries. Le soleil, assez élevé au-dessus de l'horizon, peut produire, après s'être réfléchi sur une nappe d'eau, un cercle complet. Quelquefois la partie supérieure manque, et il reste le singulier phénomène de l'arc-en-ciel renversé.

Des arcs *supplémentaires* se montrent souvent lorsque l'arc-en-ciel est très-brillant. On nomme ainsi des bandes colorées placées en dedans de l'arc intérieur et en dehors de l'arc extérieur. Après le violet on distingue ordinairement du rouge, puis du vert et le violet encore. Ces couleurs peuvent même se répéter plusieurs fois dans le même ordre. C'est dans la partie culminante des arcs, et seulement quand ils sont très-élevés, que ce phénomène se montre. On l'explique par les lois de l'optique relatives à la diffraction, c'est-à-dire aux modifications éprouvées par la lumière rasant le contour des corps.

### Cercle d'Ulloa.

On a observé des arcs-en-ciel, dont les couleurs étaient extrêmement pâles, formés dans d'épais brouillards. Cette apparence provient de la petitesse des gouttelettes d'eau. Le grand anneau blanchâtre aperçu par Ulloa et Bouguer pendant leur séjour sur le Pichincha paraît avoir cette origine. On lui a donné le nom d'*arc-en-ciel blanc* ou *cercle d'Ulloa*. Ses dimensions sont celles de l'arc principal ordinaire, et on le voit seulement sur les lieux élevés, en même temps que des auréoles irisées se forment autour des ombres projetées sur le brouillard. Nous avons reproduit la des-

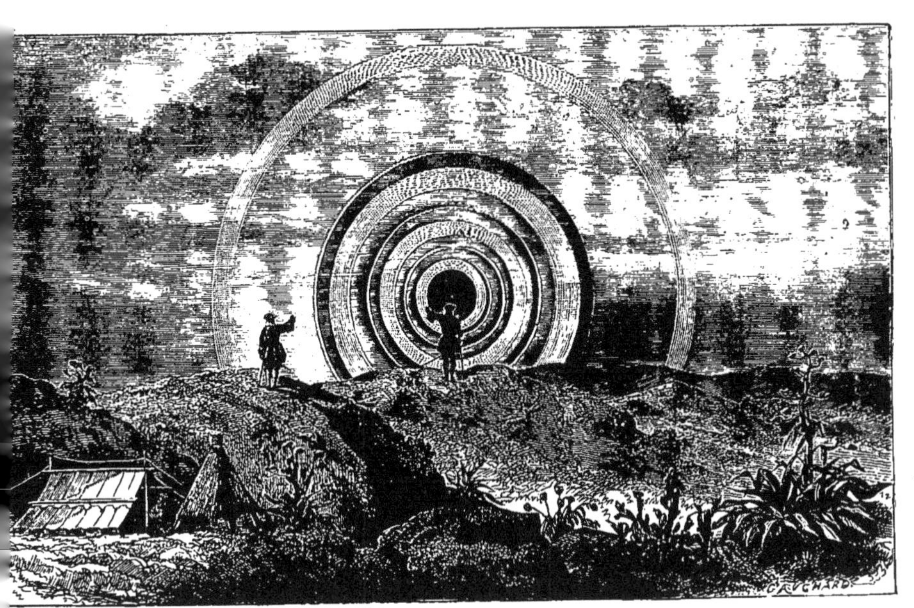

Cercle d'Ulloa.

cription de ce phénomène donnée par Bouguer; nous ajoutons ici celle d'Ulloa :

« Il se trouvait, dit-il, au point du jour sur le Pambamarca avec six compagnons de voyage; le sommet de la montagne était entièrement couvert de nuages épais; le soleil, en se levant, dissipa ces nuages; il ne resta à leur place que des vapeurs légères qu'il était presque impossible de distinguer. Tout à coup, au côté opposé à celui où se levait le soleil, chacun des voyageurs aperçut, à une douzaine de toises de la place qu'il occupait, son image réfléchie dans l'air comme dans un miroir; l'image était au centre de trois arcs-en-ciel nuancés de diverses couleurs et entourés à une certaine distance par un quatrième arc d'une seule couleur. La couleur le plus extérieure de chaque arc était incarnat ou rouge; la nuance voisine était orangée; la troisième était jaune: la quatrième paille, la dernière verte. Tous ces arcs étaient perpendiculaires à l'horizon; ils se mouvaient et suivaient dans toutes les directions la personne dont ils enveloppaient l'image comme une gloire. Ce qu'il y avait de plus remarquable, c'est que, bien que les sept voyageurs fussent réunis en un seul groupe, chacun d'eux ne voyait le phénomène que relativement à lui, et était disposé à nier qu'il fût répété pour les autres. L'étendue des arcs augmenta progressivement, en proportion avec la hauteur du soleil; en même temps leurs couleurs s'évanouirent, les spectres devinrent de plus en plus pâles et vagues, et enfin le phénomène disparut entièrement. Au commencement de l'apparition, la figure des arcs était ovale; vers la fin, elle était parfaitement circulaire. »

### Couronnes.

Quand des nuages légers passent devant le soleil ou la lune, on aperçoit autour de ces astres un ou plusieurs cercles colorés connus sous le nom de *couronnes*. Dans tous ces cercles on distingue les couleurs du prisme, le violet étant placé en dedans et le rouge en dehors. Ils sont à égale distance les uns des autres, mais cette distance est variable suivant l'état des nuages et de l'atmosphère. Le diamètre angulaire du premier cercle est ordinairement compris entre 1 et 4 degrés.

« Tous les nuages, dit Kaemtz, qui ne sont pas trop épais pour que la lumière du soleil puisse les traverser, les *cirrus* et les *cirro-stratus* exceptés, offrent des traces de couronnes, mais la vivacité des couleurs n'est pas toujours la même. Je ne les ai jamais vues si belles que sur les brouillards qui, pendant la nuit, se forment dans les vallées et s'élèvent vers le milieu du jour au sommet des montagnes. Quand des lambeaux de nuages passaient entre le soleil et moi, alors les couleurs avaient une vivacité que je leur ai rarement vue : elles ne sont pas moins belles sur les *cirro-cumulus*, surtout quand ils sont par petites masses d'un blanc éblouissant et dont les bords sont tellement confondus qu'on a de la peine à suivre leurs contours sur le ciel. »

Ce phénomène s'explique encore par la diffraction des rayons lumineux passant dans le voisinage des sphérules d'eau qui composent les nuages. Une expérience très-simple en donne l'imitation. Il suffit d'exposer devant une lampe une lame de verre saupoudrée de lycopode. Les petits grains de cette substance agissant comme les sphérules, la flamme se trouve aussitôt entourée d'anneaux irisés, séparés par des intervalles égaux.

### Halos colorés. — Parhélies.

Dans les phénomènes dont nous allons nous occuper, ce ne sont plus des gouttelettes d'eau, mais de petits cristaux de glace qui modifient la lumière. Nous sommes quelquefois enveloppés de brouillards formés par ces particules ; elles existent fréquemment, comme l'ont constaté les aéronautes, dans les hautes régions de l'atmosphère où elles constituent les nuages appelés cirrus.

Si la marche du rayon lumineux dans les petites sphères nous a déjà donné de si belles apparences, nous pouvons prévoir que lorsqu'il traversera les limpides cristaux aux nombreuses facettes, nous trouverons encore à admirer d'harmonieuses combinaisons de lignes géométriques et de couleurs.

Dans nos climats tempérés, les phénomènes de cet ordre qu'on observe le plus souvent sont les *halos*, cercles colorés qui entourent le soleil ou la lune, mais qui diffèrent des couronnes. La disposition des couleurs du spectre y est ordinairement inverse, c'est le rouge qui est placé en dedans. Les distances des cercles à l'astre sont constantes et beaucoup plus grandes que dans les couronnes. Ainsi le halo intérieur a 22 ou 23 degrés de diamètre ; le second, appelé habituellement extérieur, 46 degrés, et le troisième, 99 degrés. M. Brewster a imité les halos en plaçant devant une lampe une vitre recouverte d'alun cristallisé. Pour bien comprendre la formation de ce phénomène, il faut supposer un très-grand nombre d'aiguilles prismatiques suspendues dans l'atmosphère. Ces prismes, dans de certaines positions, peuvent tourner assez longtemps sur eux-mêmes sans que la déviation des rayons réfractés change sensiblement. La multiplication de ces rayons dans une direction unique donnant à l'œil une impression plus vive, on voit se former des bandes colorées qui se superposent comme dans l'arc-en-ciel.

Quand le soleil ou la lune se trouvent près de l'horizon et que, dans un air calme, les aiguilles de glace se placent verticalement, il se forme sur le diamètre horizontal des halos, et un peu en dehors de chaque cercle, des taches brillantes, images diffuses de l'astre, qui prennent les noms de *parhélies* ou de *parasélènes*. Les parhélies, ceux du halo intérieur surtout, ont une belle coloration où toutes les nuances du spectre suivent le rouge, placé du côté du soleil. Quand cet astre s'élève, les taches s'éloignent des cercles en restant toujours sur le diamètre horizontal.

Sur les halos viennent quelquefois s'appuyer des *arcs tangents*, brillamment colorés. Les plus fréquents sont ceux qui se forment symétriquement aux extrémités du diamètre vertical du halo de 23 degrés. Ceux du halo extérieur, plus rares, mais plus nombreux, le touchent non-seulement dans la verticale du soleil, mais encore aux points latéraux distants de 45 degrés. Le plus élevé de ces arcs, qui a le zénith de l'observateur pour pôle, est quelquefois désigné sous le nom de *cercle circum-zénithal*.

Nous ne pouvons entrer dans des détails sur la manière dont ces apparences sont produites par la réfraction de la lumière dans les cristaux. M. Bravais, dans ses savantes recherches sur ce sujet, ne s'est pas contenté de trouver par le calcul toutes les circonstances

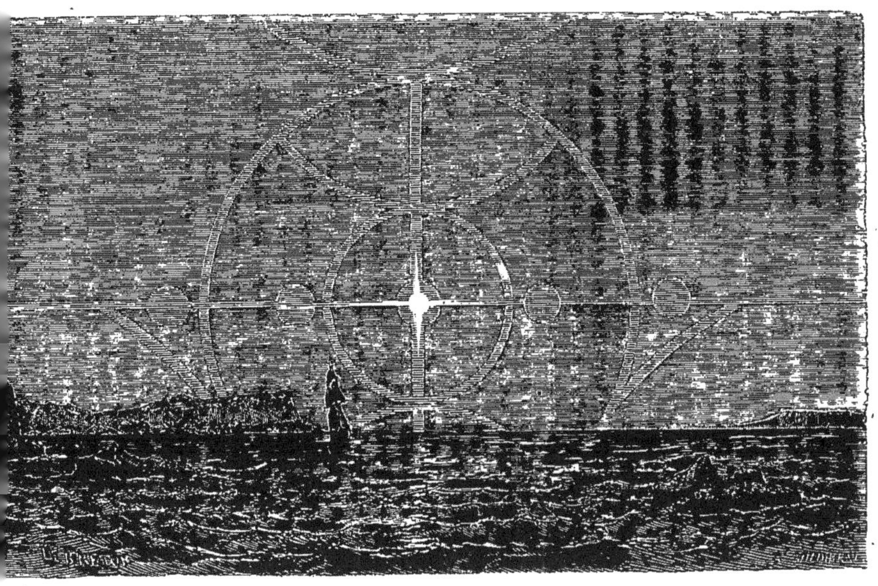

Halo.

du phénomène ; il est parvenu à en donner la reproduction artificielle dans une chambre obscure au moyen d'un prisme en glace qu'il faisait tourner très-rapidement en y projetant les rayons solaires.

### Arcs blancs. — Anthélies.

Les apparences que nous avons encore à décrire sont toujours entièrement blanches, ce qui montre qu'elles résultent, non du passage de la lumière dans les cristaux, mais de sa réflexion sur leurs facettes. Leur éclat est variable ; tantôt on ne voit que de pâles lueurs, tantôt la clarté est éblouissante comme celle de l'astre central. D'abord un immense cercle, appelé *cercle parhélique*, traverse le soleil ou la lune en croisant les deux halos et en faisant le tour entier de l'horizon à une hauteur constante. Sur ce cercle, et à l'opposé de l'astre, son image se reproduit, seule ou accompagnée de deux autres qui se placent systématiquement à ses côtés. Quelquefois ces images, ou *anthélies*, sont croisées par deux arcs blancs qui s'étendent à une assez grande distance. On voit aussi se former les *colonnes verticales*, traînées lumineuses qui s'étendent jusqu'à 25 degrés au-dessus et au-dessous de l'astre, formant ainsi, avec une partie du cercle parhélique, une croix à bras plus ou moins inégaux.

Il se produit, d'après M. Babinet, une imitation du cercle parhélique, quand on regarde le soleil à travers un cristal de structure fibreuse, taillé en lame parallèlement aux fibres, et placé dans une position verticale. La bande blanche horizontale qu'on voit alors résulte du miroitement de ces fibres. M. Bravais a expliqué ce phénomène, ainsi que celui des anthélies et de leurs arcs, au moyen de ses ingénieux appareils.

Quelques physiciens attribuent aux effets du mirage les *faux soleils* ou les *fausses lunes* qui se montrent quelquefois à côté de l'astre véritable, quand il se trouve près de l'horizon ; mais on peut aussi expliquer ce phénomène par l'interposition d'une infinité de petits cristaux composés de prismes et de pyramides.

Nous n'entrerons pas davantage dans le détail des apparences que peuvent présenter les halos. Il faudrait ajouter encore d'autres courbes et d'autres disques dus à des combinaisons cristallines assez rares ; mais nous arriverions à une trop grande complication. Ajoutons seulement que des parhélies et des arcs très-brillants deviennent quelquefois eux-mêmes des sources de lumière pour la formation d'un nouveau système d'apparences semblables, mais naturellement très-pâles.

On voit dans notre figure les principales parties des halos. La bande blanche horizontale doit être supposée prolongée jusqu'à l'opposé du soleil, où l'image de l'astre se trouve répétée plusieurs fois. Mais le phénomène n'a presque jamais son complet développement. C'est tantôt telle forme de cristaux, tantôt telle autre, qui se produit dans l'atmosphère, et ces petits corps y flottent immobiles ou descendent lentement, dans des positions différentes, selon qu'elle est calme ou agitée. Les parties que nous avons figurées se présentent par conséquent rarement ensemble, et l'on ne doit pas s'étonner de trouver une grande variété dans les descriptions des observateurs.

On remarque ordinairement que le ciel, à l'intérieur du halo de 23 degrés, contraste, par une couleur grise assez sombre, avec l'illumination générale de l'espace extérieur. Cette particularité s'explique par la direction de certains rayons réfractés par les prismes qui produisent le halo.

Comme pour les arcs-en-ciel, il existe une grande différence d'éclat entre les halos solaires et les halos lunaires. Dans ceux-ci, les couleurs sont toujours très-ternes, mais les parties blanches de la grande construction géométriqne, quand elle vient à se former, réfléchissent une belle lumière argentée.

### Halo de Cléré.

Une remarquable apparition de halos et de parasélènes a été observée, le 21 février 1864, à huit heures du soir, dans plusieurs localités des départements d'Indre-et-Loire et de Loir-et-Cher.

« .... C'est à Cléré que le phénomène s'est produit sous l'apparence la plus curieuse.

« Le ciel paraissait pur et sans nuages, et l'on distinguait même les étoiles, malgré le clair de lune.

« Tout à coup, des rayons d'un blanc d'argent, partis de la lune, dessinent une croix grecque, dont la lune occupe le centre ; un cercle blanc plus foncé réunit les bras de la croix, et forme ainsi un premier et magnifique halo lunaire.

« A chaque bras, dont l'un s'étend au nord, l'autre au midi, et à égale distance, l'image de la lune se trouve reproduite par un globe lumineux de même grandeur, moitié blanc et moitié teint des couleurs de l'arc-en-ciel. Ces globes lancent parfois des rayons irisés imitant la queue d'une comète.

« Un second halo, cercle immense en dehors du premier et partant des globes lumineux qui terminent les bras de la croix, entoure le bourg de Cléré ; il est d'une couleur identique au premier. Ce second halo présente aussi, et à égale distance sur sa circonférence, deux autres globes lumineux en tout semblables aux premiers, ce qui forme ainsi cinq globes lumineux, y compris le globe de la lune, et tous réunis par les cercles et les branches de la croix.

« Ce qui est encore plus curieux, c'est que deux croissants d'inégale grandeur et superposés à une certaine distance l'un de l'autre, occupent le centre du second halo au-dessus de la croix, sans liaison aucune avec le reste du phénomène[1]. »

A Mettray, le météore présentait les apparences suivantes :

« Le cercle argenté entourant la lune était coupé par deux diamètres lumineux perpendiculaires. L'un de ces diamètres, allant du nord-est au sud-ouest, présentait à chaque extrémité les teintes irisées de l'arc-en-ciel. Ces deux points ainsi colorés projetaient eux-mêmes, en dehors du cercle, une longue traînée lumineuse, mais incolore, affectant la forme d'une portion d'ellipse.

« Le phénomène a suivi des phases diverses par suite du déplacement des nuées, ou, ce qui est plus probable, de l'amas de neige interposé entre la lune et l'œil du spectateur.

« Les diamètres lumineux ont disparu lentement, le cercle s'est déprimé progressivement, de manière à prendre une forme complétement elliptique. La courbe, en même temps, se colorait des teintes de l'arc-en-ciel,

1. *Phare de la Loire.*

affaiblies cependant, tandis que les deux extrémités du grand diamètre, irisées dès le commencement du halo, conservaient une grande intensité lumineuse. »

Enfin, à Amboise, le phénomène offrait des circonstances également remarquables :

« Par un temps serein, qui laissait bien distinguer les étoiles, la pleine lune étant cependant voilée, est apparu peu à peu un halo ou grand cercle lumineux, assez large, dont la lune occupait le centre. Dans le même temps s'est formé un autre cercle, non moins large, mais beaucoup plus grand que le premier, et de la circonférence duquel la lune occupait, au sud, l'un des points. Les deux cercles se coupaient, et la lumière réfractée se trouvant en quelque sorte accumulée aux deux points d'intersection, situés à l'est et à l'ouest de la lune, on y remarquait deux foyers lumineux qui, par degrés, ont offert aux regards toutes les couleurs de l'arc-en-ciel, parfaitement visibles et parfaitement distinctes. »

# VIII

## AURORES BORÉALES.

Description. — Brume glacée. — Bruit et odeur. — Courants électriques. — Influence magnétique. — Aurore australe. — Points de vue différents. — Périodicité des aurores.

### Description.

Plusieurs heures, même quelquefois un jour avant l'apparition de l'aurore boréale, des mouvements irréguliers s'observent dans l'aiguille aimantée. Sa déviation à l'ouest, ou déclinaison, augmente sensiblement pendant ce temps. Peu à peu, vers le nord, l'air se rembrunit à l'horizon, et on voit s'élever un rideau de brumes violettes, assez léger pour laisser apercevoir les étoiles. Sa partie supérieure s'éclaire d'abord faiblement, ensuite cette lueur devient de plus en plus régulière et forme un arc de couleur jaune pâle, tournant sa concavité vers la terre et ayant son sommet dans le méridien magnétique [1].

1. On appelle ainsi le plan qui passe par le centre de la terre et par l'aiguille aimantée.

L'arc monte avec lenteur dans le ciel et devient graduellement plus lumineux. Des stries noirâtres s'y dessinent; sur toute sa longueur se manifeste une sorte d'effervescence. Bientôt des rayons se forment, variant de longueur et d'éclat et s'élançant dans le ciel comme des fusées d'artifice. La traînée de feu, éblouissante par intervalles, passe du rouge pourpre au vert d'émeraude ; le plus souvent une splendide teinte jaune domine.

Dans leur ascension, ces rayons dépassent le zénith et paraissent converger vers un même point du ciel, le zénith magnétique, indiqué par le prolongement d'une aiguille aimantée librement suspendue.

Pour peindre les subites variations de lumière des rayons, M. Bravais dit qu'ils *dardent.* Par moments ils sont tellement multipliés qu'ils envahissent toute la voûte céleste, formant une immense coupole de feu, agitée comme les vagues de la mer. Aucune description ne saurait rendre la magnificence de ce spectacle.

Dès les premières clartés de l'aurore, l'aiguille aimantée éprouve de vives oscillations. Elles augmentent quand les rayons paraissent ; chacun d'eux, en se détachant de l'arc, fait en quelque sorte palpiter la boussole. C'est alors que les marins disent qu'elle est *affolée.* Des intervalles de tranquillité de plus en plus fréquents marquent ensuite la phase décroissante de l'aurore. On a constaté que la déviation de l'aiguille a lieu alors en sens inverse de celle du début.

Voici comment M. Lottin, chargé, avec M. Bravais, d'une mission scientifique en Islande, décrit un remarquable mouvement ondulatoire qui s'observe dans les rayons lorsqu'on les regarde avec attention. « Pendant que l'arc monte vers le zénith, d'un pied à l'autre

Aurore boréale.

l'éclat de chaque rayon augmente successivement d'intensité. Cette espèce de courant lumineux se montre plusieurs fois de suite et bien plus fréquemment de l'ouest à l'est que dans le sens opposé. Quelquefois, mais rarement, un mouvement rétrograde a lieu immédiatement après le premier, et aussitôt que cette lueur a parcouru successivement tous les rayons de l'ouest à l'est, elle se dirige dans le sens inverse, revenant ainsi à son point de départ sans que l'on puisse dire si ce sont les rayons qui éprouvent alors un mouvement de translation à peu près horizontal, ou si cette lueur plus vive se transporte d'un rayon à l'autre, de proche en proche, sans que ceux-ci éprouvent de déplacement. » Nous verrons plus loin que cette apparence provient en effet d'une translation des rayons.

Quelquefois, lorsque les pieds de l'arc auroral ont quitté l'horizon et qu'il monte dans le ciel, le mouvement alternatif des rayons adhérents le fait ressembler à une longue draperie dorée qui flotte dans l'atmosphère, se replie sur elle-même de mille manières et ondule comme si le vent l'agitait. Ce premier arc pâlit et s'efface à mesure qu'il s'élève, mais pendant ce temps il s'en présente de nouveaux, les uns commençant d'une manière diffuse, les autres avec des rayons tout formés. On a compté jusqu'à neuf arcs se suivant ainsi et passant à peu près par les mêmes phases.

Dans la région vers laquelle convergent les rayons se dessine surtout une courbe lumineuse, elliptique, qu'on nomme *couronne boréale*. Elle semble le résultat d'un effet de perspective. Les rayons, parallèles à l'aiguille aimantée librement suspendue, sont disposés comme les arêtes d'un tunnel cylindrique, qu'on voit converger vers le centre des deux ouvertures. Quand la couronne apparaît, l'aurore est dans son complet développement. Elle ne reste pas longtemps visible et le phénomène entre bientôt dans sa phase de déclin. Les rayons deviennent plus rares, plus courts et moins vivement colorés. « Des faisceaux de rayons, dit M. Lottin, des bandes, des fragments d'arcs paraissent et disparaissent par intervalles. Puis les rayons deviennent de plus en plus diffus ; ce sont des lueurs vagues et faibles qui finissent par occuper tout le ciel, groupées comme de petits cumulus, et désignées sous le nom de *plaques aurorales*. Leur lumière lactée éprouve souvent des changements très-vifs dans son intensité, semblables à des mouvements de dilatation et de contraction qui se propagent du centre à la circonférence et rappellent ceux des animaux marins nommés *méduses*. La lueur crépusculaire arrive peu à peu, et le phénomène faiblissant graduellement cesse d'être visible. D'autres fois, les rayons paraissent encore avec le commencement du jour, puis ils disparaissent tout à coup ; ou bien, à mesure que le crépuscule augmente, ils deviennent vagues, prennent une couleur blanchâtre, et finissent par se confondre avec les cirro-stratus, de telle sorte qu'il devient impossible de les distinguer de cette espèce de nuages. »

### Brume glacée.

Les observations relatives à la dernière phase des aurores, que nous venons de citer, indiquent leurs relations avec les nuages composés de petits cristaux de glace. On voit très-bien, au jour, les parties brumeuses du ciel qui ont paru sous la forme de plaques aurorales, pendant qu'elles étaient illuminées par la transmission de l'électricité, qui est la première cause du phénomène. Quelquefois aussi on aperçoit des traînées de cirrus dans la région où s'élevaient les rayons les plus brillants. L'amiral Wrangel a remarqué que des arcs de halos se formaient autour de la lune au moment où des rayons s'élançaient dans la direction de cet astre.

« Pendant le jour, dit Humboldt, les nuages se groupent et s'arrangent quelquefois à peu près comme les rayons d'une aurore boréale, et alors ils paraissent troubler l'aiguille aimantée. » Le P. Secchi, directeur de l'Observatoire de Rome, a aussi constaté que des perturbations magnétiques se manifestaient lorsque, la nuit, de légers nuages phosphorescents voilaient le ciel. C'étaient, en quelque sorte, de faibles aurores boréales. Chacun a pu apercevoir les *bandes polaires* décrites par Humboldt. Ces nuages sont disposés en longues lignes parallèles dans la direction du méridien magnétique, et se montrent assez souvent dans nos climats. M. de Tessan, dans sa relation du voyage de *la Vénus*, rapporte qu'un des officiers de la frégate prédisait toujours les belles aurores boréales, en observant dans la journée la disposition des cirrus.

Au Canada, des registres météorologiques, commencés depuis longtemps, indiquent l'état de l'atmosphère les jours qui précèdent et qui suivent l'apparition des aurores. Presque tous ces jours-là il a plu et surtout neigé, ce qui rend très-probable la présence dans l'atmosphère de particules glacées pendant la durée du météore. Cette infinité de cristaux très-ténus, traversés par les courants électriques, constituent un immense réseau lumineux flottant dans l'atmosphère.

Il faut remarquer que toutes ces délicates aiguilles

peuvent exister dans l'air pendant que le ciel garde une apparence très-sereine. Le docteur Richardson, par un beau temps et une température de 32 degrés centigradés au-dessous de zéro, voyait l'arc de l'aurore dans le voisinage du zénith et constatait au même moment la chute d'une neige extrêmement fine, à peine visible, mais qui laissait des gouttes en fondant sur la main.

L'existence de la brume qui s'élève à l'horizon, sous forme de segment obscur, avant le commencement du phénomène lumineux, confirme les aperçus précédents. Dans les contrées du Nord, des voyageurs se sont trouvés, au sommet des montagnes, subitement enveloppés d'un brouillard transparent, de couleur grise passant au vert, et qui se transformait ensuite, dans une région supérieure, en splendide aurore boréale.

### Bruit et odeur. — Courants électriques.

Lorsque le lieu de l'observation est suffisamment rapproché de l'aurore, on entend un bruissement particulier, mêlé de soudaines crépitations, analogues à celles que produit l'électricité quand elle s'échappe d'un corps sous forme d'aigrette. Souvent une odeur sulfureuse se répand, due sans doute à l'ozone qui se produit pendant les décharges électriques du pôle, comme pendant l'explosion de la foudre.

En parlant des orages, nous avons dit que l'atmosphère est constamment chargée d'électricité positive produite en grande partie dans les régions tropicales. La terre est au contraire électrisée négativement, et une neutralisation se fait au moyen de l'humidité des couches inférieures de l'atmosphère. « C'est principalement, dit M. A de la Rive, à qui l'on doit cette théorie, dans les régions polaires où les glaces éternelles condensent constamment les vapeurs aqueuses sous forme de brume, que cette neutralisation doit s'opérer, d'autant plus que les vapeurs positives y sont portées et accumulées par le courant tropical, qui, à partir des régions équatoriales où il occupe les parties les plus élevées de l'atmosphère, s'abaisse à mesure qu'il s'avance vers les latitudes les plus élevées, jusque dans le voisinage des pôles, où il vient en contact avec la terre. C'est donc là que la décharge entre l'électricité positive des vapeurs et l'électricité négative de la terre, doit essentiellement avoir lieu, avec accompagnement de lumière quand elle est suffisamment intense, si, comme c'est presque toujours le cas près des pôles et quelquefois dans les parties supérieures de l'atmosphère, elle rencontre sur sa route des particules glacées extrêmement ténues qui forment les brumes et les nuages très-élevés. »

Selon l'état plus ou moins brumeux, et par suite plus ou moins conducteur de l'atmosphère dans les régions polaires, les deux électricités se neutralisent plus ou moins bien. De là des courants d'intensité variable qui traversent la surface terrestre du pôle à l'équateur. C'est l'influence de ces courants sur l'aiguille aimantée qui produit les déviations et les oscillations que nous avons signalées.

Les perturbations sont continuelles dans les latitudes les plus élevées, parce que l'intensité des courants électriques est plus grande et leur influence plus marquée. A mesure qu'on avance vers l'équateur, on observe de moindres déviations, mais elles ont lieu partout, même dans les lieux où l'aurore n'est pas visible.

Pendant plusieurs années, Arago, en suivant les variations de l'aiguille à l'Observatoire de Paris, a pu, sans être jamais mis en défaut, annoncer les apparitions de l'aurore boréale dans notre hémisphère.

Lors de la belle aurore du 27 novembre 1848, M. Matteucci observa cette influence des courants sous une forme très-remarquable. « Je me trouvais, dit-il, au bureau du télégraphe électrique de Pise, quand nous fûmes surpris par la suspension soudaine de la marche des machines, qui avaient toujours très-bien fonctionné pendant la journée; cela arrivait en même temps aux machines de la station de Florence. Nous essayâmes de les faire aller, soit en augmentant la force des courants, soit en agissant sur les manipulateurs : tout fut inutile; l'ancre restait attachée aux électro-aimants. » Cet effet singulier cessa avec l'aurore, et le télégraphe put fonctionner de nouveau sans avoir éprouvé d'altération. Le même jour, M. Highton constata, en Angleterre, une action très-prolongée de l'aurore sur les fils télégraphiques.

Dans toutes les parties du réseau européen, le service fut troublé par la magnifique aurore du 28 août 1859. Deux jours après, le phénomène lumineux était aperçu sur une grande partie des continents d'Europe, d'Asie et d'Amérique, et on observait une action plus générale encore. Il y eut des courants assez intenses pour faire jaillir l'étincelle d'un courant interrompu. Aux États-Unis, deux employés du télégraphe, placés aux stations de Boston et de Portland, purent se servir du fluide terrestre, beaucoup plus puissant que celui de la machine, pour corespondre pendant assez longtemps.

**Influence magnétique.**

Considérons maintenant la grande masse de brume lumineuse placée dans la zone glaciale et qui, pour ainsi dire, est un conducteur mobile traversé par une succession de décharges électriques. Le globe pouvant être regardé comme un immense aimant, quelle action le pôle magnétique exerce-t-il sur cette brume?

On doit à M. de la Rive une expérience de physique très-intéressante, qui a mis sur la voie pour résoudre la question. Dans un ballon de verre, où l'air se trouve extrêmement raréfié, il dispose un appareil propre à faire converger des jets de lumière électrique sur le pôle d'un électro-aimant, et voici ce qui se produit : « Dès que le cylindre de fer doux qui sert d'électro-aimant est aimanté, la lumière électrique, au lieu de partir indifféremment des divers points de la surface supérieure qui sert de pôle, comme cela avait lieu avant l'aimantation, part uniquement de tous les points de la circonférence de cette surface, de manière à former autour d'elle comme un anneau lumineux continu. Cet anneau a un mouvement de rotation autour du cylindre aimanté, tantôt dans un sens, tantôt dans un autre, suivant la direction de la décharge et le sens de l'aimantation. Enfin quelques jets plus brillants semblent partir de cette circonférence lumineuse, sans se confondre avec le reste de la gerbe. Dès que l'aimantation cesse, le phénomène lumineux redevient ce qu'il était auparavant. »

En s'appuyant sur cette expérience, M. de la Rive a fait construire un appareil composé d'une sphère en bois portant une armature de fer doux, qui représente la terre. C'est avec cet appareil qu'il a pu reproduire non-seulement les aurores polaires, mais encore les divers accidents qu'elles déterminent, tels que les perturbations de l'aiguille aimantée et les mouvements de l'électricité dans les fils télégraphiques.

Nous avons dit que l'arc des aurores boréales a toujours son sommet placé dans le méridien magnétique. Dans la grande aurore de l'automne de 1859, l'arc paraissait avoir son centre vers le nord-est en Californie, à peu près au nord à Philadelphie, et vers le nord-ouest en Angleterre, ce qui plaçait ce centre dans l'Amérique septentrionale. Un grand nombre d'observations semblables ont conduit au même résultat, et les aurores se présentent ainsi à nous comme des anneaux lumineux de diamètre variable, centrés autour du pôle magnétiqne, et planant à une hauteur plus ou moins grande dans l'atmosphère, en lançant des rayons verticaux. Le mouvement ondulatoire de l'arc et des rayons, décrit par M. Lottin, et qui parait indiquer leur rotation de l'ouest à l'est en passant par le sud, ajoute un autre trait à la ressemblance du grand phénomède avec l'expérience de M. de la Rive. C'est bien dans ce sens que l'anneau doit tourner lorsque l'électricité positive, partie de l'atmosphère, se dirige sur le pôle magnétique nord.

La forme et les mouvements de l'aurore sont donc déterminés par les forces qui émanent du grand aimant terrestre, et nous ajouterons à ce sujet une remarquable observation de M. Hansteen : « Pendant l'aurore et plusieurs jours après, l'intensité magnétique est notablement diminuée, et elle reprend seulement peu à peu sa valeur habituelle. »

### Aurore australe.

D'après le petit nombre d'observations recueillies dans l'hémisphère sud, on peut dire que l'aurore australe présente les mêmes phénomènes que l'aurore boréale. Elle s'explique d'une manière semblable. Quelques cas de coïncidence entre l'illumination des deux pôles ont été remarqués.

M. de Tessan a donné la description suivante d'une aurore australe observée pendant le voyage de *la Vénus* : « Le 20 janvier 1839, à une heure vingt minutes du matin, on a aperçu une aurore assez belle formant un arc de cercle lumineux très-apparent et très-bien dessiné. Sa lumière était blanche; il pouvait y avoir cependant une légère nuance de vert, car elle rappelait un peu la lumière d'un corps phosphorescent. Cette lumière était douce et tranquille, et pouvait être comparée, pour l'éclat, à celle que présente le bord supérieur d'un nuage, d'un cumulus qui cache la lune quand celle-ci est sur le point de se montrer. Des faisceaux, ou rayons d'une lumière également blanche, mais d'intensité beaucoup plus faible, s'élevaient de divers points de l'arc. Ces faisceaux paraissaient et disparaissaient très-sensiblement à la même place après une durée variable de cinq à dix minutes.

« La partie inférieure de l'arc paraissait occupée par un gros nuage dont les bords contigus à l'arc étaient légèrement bosselés. J'ai pris cette apparence pour un nuage réel, je l'ai noté comme tel, et le doute ne me serait certainement pas venu à l'esprit si, depuis mon retour, je n'avais vu citer des apparences semblables comme trompeuses par des observateurs habiles, qui assurent avoir vu des étoiles à travers ce prétendu nuage, si épais en apparence.

« Le ciel était assez beau et parsemé seulement de quelques gros nuages ; les étoiles étaient très-brillantes. Nous n'avons entendu aucun bruit particulier provenant de l'aurore. »

### Points de vue différents. — Périodicité des aurores.

Plusieurs fois, dans le Nord, des observateurs se sont trouvés placés au milieu de l'aurore, au-dessous de l'anneau lumineux. L'arc dépassait alors le zénith et cachait en grande partie la trajectoire des rayons. C'est dans ces conditions que le bruit des décharges électriques devient perceptible, ainsi que l'odeur d'ozone. On a aussi remarqué cette circonstance curieuse, que l'aiguille aimantée reste alors complétement immobile, pendant qu'elle est vivement agitée sur le reste de la surface du globe ; la direction assignée par la théorie aux courants rend compte de cet effet.

Dans nos latitudes moyennes, les aurores boréales se présentent d'ordinaire sous la forme d'une coloration du ciel qui semble le reflet d'un incendie. On voit aussi, plus rarement, de grands nuages rougeâtres d'où se détachent quelquefois des rayons qui montent vers le zénith. Avant que ce météore ait été complétement connu, admiré pour sa beauté et pour le bienfait de sa brillante illumination pendant les longues nuits polaires, il était en Europe un sujet d'épouvante. Dans l'antiquité et au moyen âge, ces flammes rouges, ces rayons, paraissaient des torches et des épées teintes de sang. L'imagination créait tantôt une immense mêlée où combattaient des hommes de feu, tantôt un assemblage de têtes hideuses secouant leurs chevelures flamboyantes.

L'aurore boréale n'est pas toujours visible. Elle est très-probablement un phénomène journalier. Durant un hiver passé à Bossecop, par 70 degrés de latitude, M. Lottin a compté cent cinquante aurores pendant deux cents nuits. Naturellement, le nombre des apparitions du phénomène est d'autant plus petit qu'on s'éloigne davantage du pôle magnétique.

Une périodicité annuelle se manifeste dans les aurores visibles, dont le nombre s'accroît en approchant des équinoxes et diminue aux époques des solstices. Ces fluctuations doivent dépendre de la plus ou moins grande abondance des vapeurs portées aux pôles pendant les différentes saisons. Aux équinoxes, les circonstances météorologiques sont sensiblement les mêmes dans les deux hémisphères, et c'est aussi à ces époques que la simultanéité des aurores boréales et des aurores australes a été constatée.

# IX

## ÉTOILES FILANTES.

Bolides. — Pluie de pierres. — Pierres météoriques. — Météore extraordinaire. — Vitesse et apparences des bolides. — Chute d'aérolithes. — Composition des aérolithes. — Apparitions périodiques. — Obscurcissement du soleil. — Anneau de météorites.

### Bolides.

Chacun a vu les sillons lumineux, de direction, d'étendue et de couleurs variées, que tracent rapidement à travers les constellations, tantôt des points brillants sans diamètre apparent, tantôt des globes de feu de diverses grandeurs. Ces derniers, qu'on désigne sous le nom de *bolides*, se divisent quelquefois en fragments à la fin de leur course, en faisant entendre une forte détonation, et formant un petit nuage au point même où ils disparaissent.

Des traînées éblouissantes, des bolides incandescents ont été aperçus en plein jour, mais bien rarement. Pendant la nuit, on compte moyennement une dizaine d'étoiles filantes par heure ; mais à certaines époques de l'année elles traversent l'atmosphère par essaims.

De nombreux bolides sont parfois mêlés à ces grandes apparitions.

Diverses conjectures ont été faites sur la cause de ces phénomènes. Képler les croyait engendrés par des « exhalaisons terrestres, » et cette opinion, peu modifiée, s'est propagée jusqu'à nous. La plupart des savants ont cependant adopté une autre explication ; ils attribuent tous ces météores aux masses minérales connues sous le nom d'*aérolithes*, qui, lorsqu'elles tombent sur le sol, présentent les traces évidentes d'une vive combustion. Un passage de Plutarque montre que cette explication avait été déjà donnée par les anciens : « Quelques philosophes pensent, dit-il[1], que les étoiles filantes ne proviennent point des parties détachées de l'éther qui viendraient s'éteindre dans l'air, aussitôt après s'être enflammées ; elles ne naissent pas davantage de la combustion de l'air qui se dissout, en grande quantité, dans les régions supérieures; ce sont plutôt des corps célestes qui tombent, c'est-à-dire qui, soustraits d'une certaine manière à la force de rotation générale, sont précipités ensuite irrégulièrement, non-seulement sur les régions habitées de la terre, mais aussi dans la grande mer, d'où vient qu'on ne les retrouve pas. »

Diogène d'Apollonie parle d'une « étoile de pierre qui tomba tout en feu près d'Ægos Potamos. » La chute de cet aérolithe produisit une vive impression sur les habitants de la Thrace. Suivant la description qui nous en est restée, il avait « deux fois la grandeur d'une meule de moulin et faisait la charge entière d'une voiture. » Une pluie de pierres tomba près de Rome, sous

1. *Vie de Lysandre.*

le règne de Tullus Hostilius. En Galatie, Cybèle était adorée sous la forme d'une pierre venue du ciel. A Émèse, en Syrie, une semblable pierre était consacrée au culte du soleil. Ces deux pierres météoriques furent plus tard transportées à Rome.

**Pluie de pierres.**

Au dix-huitième siècle, les savants ne croyaient pas encore aux pierres tombées du ciel. C'est en 1794 seulement qu'un physicien allemand, Chladni, essaya de démontrer la vérité de l'explication qu'on reléguait parmi les superstitions populaires. Peu de temps après, le 26 avril 1803, une pluie de pierres qui vint à tomber sur la petite ville de Laigle, en Normandie, dissipa tous les doutes. Un procès-verbal fut dressé, et le commissaire de l'Institut qui se rendit sur les lieux rédigea un rapport, dont Humboldt[1] a donné l'extrait suivant :

« A une heure de l'après-midi, par un ciel très-pur, on vit à Alençon, à Falaise et à Caen, un grand bolide se mouvant du sud-est au nord-ouest. Quelques minutes après, on entendit à Laigle, durant cinq à six minutes, une explosion partant d'un petit nuage noir presque immobile, qui fut suivie de trois ou quatre détonations et d'un bruit que l'on aurait pu croire produit par des décharges de mousqueterie, auxquelles se mêlait le roulement d'un grand nombre de tambours. Chaque détonation détachait du nuage noir une partie des vapeurs qui le formaient. On ne remarqua en cet endroit aucun phénomène lumineux. Plus de deux

1. *Cosmos.*

mille pierres météoriques, dont la plus grande pesait dix-sept livres, tombèrent sur une surface elliptique, dirigée du sud-est au nord-ouest, et ayant onze kilomètres de longueur. Ces pierres fumaient, elles étaient brûlantes sans être enflammées ; et l'on constata qu'elles étaient plus faciles à briser quelques jours après leur chute que plus tard. »

**Pierres météoriques.**

Les traditions populaires étant ainsi confirmées par l'expérience, on rassembla les souvenirs des observations anciennes, et l'on s'attacha à en recueillir de nouvelles. Un chimiste anglais, Howard, dressa une liste chronologique des pierres tombées du ciel depuis les temps les plus reculés. Cette liste a été complétée par Chladni. Nous y choisirons les chutes les plus remarquables, pouvant se rapporter à une époque déterminée.

*Avant l'ère chrétienne :* La pierre de foudre, tombée en Crète, et regardée comme le symbole de Cybèle. — Pluie soudaine de pierres, rapportée par Josué, et qui détruisit les ennemis du peuple juif à Beth-Horon. — L'Ancile ou bouclier sacré tombé sous le règne de Numa. — La pierre noire conservée dans la Kaaba de la Mecque. — La pierre de tonnerre, dure et brillante, avec laquelle fut façonnée l'épée d'Antar. — *Après l'ère chrétienne :* Chute d'une pierre pesant deux cent soixante livres, à Ensisheim, en Alsace. Cette énorme pierre a été longtemps conservée sur l'autel de l'église du village. — Pierre de couleur noire métallique, de la grosseur et de la forme d'une tête humaine, du poids de cinquante-quatre livres, tombée sur le mont Vaison, en Provence. — Pierre tombée dans un bateau pêcheur, près Copensha. — Chute d'une pierre à Larisse, en Macédoine ; cette pierre, d'une odeur sulfureuse et ayant l'apparence d'écume de fer, était du poids de soixante-douze livres. — Grande pluie de pierres à Barbotan, près Roquefort. Quelques-unes de ces pierres pesaient de vingt-cinq à trente livres : l'une d'elles pénétra dans une cabane et y tua un berger et un jeune taureau. — Pluie de pierres à Cutro, en Calabre, pendant la chute d'une grande quantité de poussière rouge. — Masses tombées dans la mer Baltique, à la suite du grand météore de Gothembourg.

Dans le village de Luce, à deux lieües de Chartres, on vit, le 13 septembre 1768, à quatre heures de l'après-midi, un nuage sombre faisant entendre des détonations, qui furent suivies d'un sifflement produit par la chute d'une pierre noire. Cette pierre, qui s'enfonça à moitié dans le sol, pesait sept livres et demie, et était tellement brûlante qu'on ne pouvait la toucher. — La pierre qui tomba à Angers, le 9 juin 1822, a été attribuée à une belle étoile filante, aperçue à Poitiers. Humboldt rapporte que cette étoile fit l'effet d'une chandelle romaine dans un feu d'artifice, et laissa un sillon en droite ligne dont le brillant éclat se conserva pendant plusieurs minutes.

### Météore extraordinaire.

Dans une lettre adressée à M. A. Quételet, sécrétaire perpétuel de l'Académie royale de Belgique, sur un météore extraordinaire observé à Hurworth, en octobre 1854, sir J. Herschel cite la description suivante, extraite du *Scheffield Times*, et publiée par une personne demeurant à Hurworth, qui, avec son frère, a eu l'occasion de voir ce météore :

« Mon frère et moi, nous retournions chez nous à neuf heures du soir ; nous nous trouvions au bout du village, au moment de traverser une prairie qui est d'une largeur considérable. Le ciel était pur, étoilé, mais obscur. Nous observions une des constellations les plus brillantes, quand, au point même où nos yeux étaient fixés, une magnifique apparition frappa nos regards. Un cri d'admiration et d'étonnement nous échappa à tous deux : c'était un globe de feu d'une dimension double au moins de celle de la pleine lune à son lever ; il avait la couleur rouge de sang et il dardait des rayons scintillants et profondément dessinés, tels que les anciennes gravures représentent les rayons du soleil. Il traînait après lui une longue colonne de lumière, de la couleur d'or la plus belle et la plus limpide. Elle ne ressemblait pas à la queue chevelue d'une comète, mais à une colonne solide d'une grande largeur et parfaitement compacte, qui tranchait sur le bleu foncé du ciel. Au commencement, elle présentait l'aspect d'une ligne droite ; mais en s'élevant dans le ciel, elle suivit la courbe d'un arc, avec des scintillements d'une grande intensité, qui ne dépassaient pas la ligne extérieure bien définie. Sa direction était du nord-est au sud-ouest, et son étendue si énorme, que la tête disparaissait sous l'horizon sud-ouest, quand la queue était encore visible au nord-est dans toute sa première splendeur.

« Quand le globe de feu se trouva immédiatement au-dessus de nous, il sembla s'arrêter un instant, avec des vibrations si rapides que j'eus peur de le voir tomber sur nous. Mais l'instant d'après, je m'aperçus

Bolide et sa traînée.

que cette vibration n'était autre qu'une évolution, et qu'il tournait rapidement sur son axe, en passant d'un rouge de feu très-vif au rouge foncé que j'ai mentionné plus haut, sans rien perdre de son aspect. Nous continuâmes à le voir, toujours aussi brillant, derrière les arbres, de l'autre côté du village. Quand ce globe passa au-dessus de nous, il nous parut un peu plus petit qu'à sa première apparition à l'horizon, sans doute à cause de sa grande élévation, de même que le soleil et la lune paraissent à leur méridien plus petits qu'à leur lever.

« Comme depuis longtemps j'avais pris l'habitude d'observer les étoiles, j'ai vu plusieurs brillants météores, mais jamais un qui puisse soutenir la moindre comparaison avec celui-ci, soit pour ses dimensions, soit pour sa splendeur et sa durée. Grâce à son élévation, il a dû être visible à une grande distance, et j'avais espéré qu'il serait remarqué et décrit par des observateurs intelligents. Comme il n'en est rien cependant, je crois de mon devoir de fournir quelques détails sur un phénomène si grandiose et si frappant. »

D'après la lettre de sir J. Herschel, ce phénomène a été vu de la même manière par plusieurs autres personnes, à Darlington et à Durham, ainsi qu'à Dundee, en Écosse.

« Il est assez remarquable que, en consultant le registre qui constate les observations faites sur le fameux météore qui traversa l'Angleterre, le 18 avril 1783, nous trouvions qu'il fut observé à Windsor vers neuf heures, ce qui est précisément l'heure à laquelle nous vîmes celui-ci, mon frère ayant regardé sa montre au moment de son apparition. Celui de 1783 ayant paru pendant le crépuscule d'une nuit d'été, aura été sans doute plus généralement observé que le dernier, qui se montra par une nuit obscure, à la fin de l'automne. Mais, précisément pour ce motif, le dernier devait être beaucoup plus brillant que le premier, et il est regrettable que l'heure avancée, ou plutôt la saison, ait empêché qu'il ne fût aussi généralement observé.

« Aucun bruit accompagnant son trajet n'est arrivé jusqu'à nous. Ceux qui ont vu l'énorme globe de feu traversant le ciel avec une inconcevable vélocité, n'oublieront jamais cet admirable et étrange météore. En voyant se déployer au-dessus de nous la magnifique traînée de lumière qui, en arc doré, couvrait plus de la moitié de la sombre voûte du ciel, on songeait involontairement au spectacle que doit présenter aux habitants de Saturne l'anneau qui ceint cette planète. La queue, en se terminant, s'élargissait énormément; elle paraissait plus transparente et moins compacte, tout en présentant des contours bien définis et en s'arrondissant au bout. La figure ci-jointe est tracée dans l'espoir d'attirer l'attention générale sur un sujet si intéressant, plutôt qu'avec la prétention de donner une idée, même affaiblie, de ce phénomène rare et splendide. »

### Vitesse et apparences des bolides.

On calcule aujourd'hui la marche des bolides avec assez d'exactitude, comme le montre l'extrait suivant, emprunté aux recherches de M. Heiss, directeur de l'Observatoire de Munster. Le magnifique bolide dont il donne la description a été vu, le 14 mars 1863, en Hollande, en Belgique, en Allemagne, en Angleterre et en France :

« Vers sept heures du soir, le météore apparut dans le ciel, semblable à une étoile filante; mais peu à peu il grossit jusqu'à offrir une surface apparente comparable au quart de la lune, et un éclat qui faisait pâlir les astres visibles. Après avoir illuminé l'horizon d'une vive lueur, à laquelle les différents observateurs attribuent toutes les couleurs du prisme, depuis le rouge jusqu'au violet, le bolide disparut avec détonation. En plusieurs endroits on a vu des étincelles et une traînée. La durée du phénomène a été d'environ cinq secondes. La trajectoire, dirigée du nord au sud, était inclinée de 22 degrés sur l'horizon, et la longueur du trajet, depuis le point d'inflammation jusqu'à celui de l'explosion, situé à 26 kilomètres au-dessus du sol, était de 285 kilomètres, ce qui donne une vitesse de 63 kilomètres par seconde. On trouve 420 mètres pour le diamètre véritable du globe embrasé, qui devait être généralement de nature gazeuse, n'offrant qu'un petit noyau solide. »

C'est cette grande vitesse, supérieure à celle de notre globe dans son orbite, qui, avec la résistance de l'air, rend compte des apparences présentées par ces bolides. « La chaleur que les météorites possèdent, dit J. Herschel dans son *Astronomie*, lorsqu'elles tombent sur le sol, les phénomènes ignés qui les accompagnent, leur explosion lorsqu'elles pénètrent dans les couches plus denses de l'atmosphère, tout cela est suffisamment expliqué à l'aide de lois physiques, par la condensation que l'air éprouve en conséquence de leur énorme vitesse de translation, et par les relations qui existent entre l'air très-raréfié et la chaleur. » On attribue l'explosion à la pression supportée par la masse solide. Le calcul montre qu'à une hauteur de 18 kilomètres, où la densité de l'air est dix fois moindre qu'à la surface terrestre, une vitesse de 40 kilomètres produirait déjà une pression de 675 atmosphères, que le fer peut supporter, mais qui fait éclater une pierre. Ce calcul est confirmé par l'observation; les aérolithes, composés presque exclusivement de fer, arrivent entiers, tandis que ceux d'une moindre consistance tombent à l'état de fragments.

Le 14 octobre 1863, vers trois heures du matin, M. J. Schmidt, directeur de l'Observatoire d'Athènes, a pu suivre, avec le télescope, un très-remarquable bolide. Ce météore apparut comme une étoile filante, à marche assez lente, entre les constellations du Lièvre et de la Colombe. « Elle surpassa bientôt Sirius en splendeur, sa teinte était d'un jaune clair. Elle traversa Éridanus, vers l'ouest, en répandant une lumière si extraordinaire que toutes les étoiles disparurent; la ville d'Athènes, la campagne et la mer paraissaient embrasées. L'Acropole et le Parthénon se détachaient en couleur d'un gris mat verdâtre sur le fond du ciel d'un vert doré. » C'est à ce moment que M. Schmidt, approchant l'œil du télescope, put observer le météore pendant plusieurs secondes, et constater un curieux phénomène. « On ne voyait plus un seul corps lumineux, mais deux brillants bolides, d'un jaune verdâtre, en forme de gouttes allongées : le plus grand précédait le plus petit, et chacun d'eux laissait une trace rouge à bords bien définis. Ces deux corps étaient encore suivis de corps lumineux de moindre grandeur et de même apparence, distribués irrégulièrement, comme des étincelles, dans la queue des bolides. Au moment de sa disparition, le météore paraissait divisé en quatre ou cinq fragments d'un rouge sombre. On n'a point entendu de bruit ni pendant ni après sa disparition. »

### Chute d'aérolithes.

Nous citerons encore quelques détails sur l'apparition d'un bolide et la chute d'aérolithes dans le midi de la France :

« Hier (14 mai 1864), à huit heures du soir, écrivait un observateur de Castillon (Gironde), un magnifique météore s'est montré à nous dans le voisinage de la lune, et s'est dirigé vers l'est. Son apparition a duré environ cinq secondes, pendant lesquelles il a parcouru un arc de plus de 60 degrés. Il a enfin éclaté en étoiles et disparu à nos yeux.

« La grosseur apparente du météore a progressivement augmenté. Au moment où il allait disparaître, son diamètre semblait égaler au moins la moitié de celui de la lune. La lumière avait d'abord une teinte bleu-verdâtre, puis elle est devenue blanche et a brillé alors d'un tel éclat que les personnes mal placées pour apercevoir directement le météore ont cru voir le reflet d'un éclair vif et prolongé. »

Dans plusieurs endroits, éloignés les uns des autres, on a entendu une forte détonation, et un assez long intervalle s'est écoulé entre l'explosion visible du météore et la perception du bruit. On a compté trois ou quatre minutes, et à deux minutes seulement correspond une distance verticale de 40 kilomètres. Les couches d'air à cette hauteur sont très-raréfiées. Pour qu'une explosion qui s'y produit donne lieu à un bruit d'une pareille intensité à la surface de la terre et sur une étendue horizontale si considérable, il faut admettre qu'elle dépasse en violence tout ce que nous connaissons.

D'après la hauteur et la dimension apparente du bolide, on a trouvé que son diamètre pouvait avoir de 4 à 500 mètres. Il était donc quatre à cinq fois aussi gros que la cathédrale de Paris. M. Laussédat a calculé qu'il parcourait cinq lieues par seconde, c'est-à-dire les deux tiers de la vitesse de la terre dans son orbite.

On a recueilli des aérolithes près d'Orgueil (Lot-et-Garonne) et dans plusieurs localités voisines. M. Daubrée, qui les a examinés, leur trouve de la ressemblance avec les lignites[1] terreux. « Dans cette masse noire, dit-il, on distingue de petits grains d'une substance métallique, jaune de bronze, que sa densité permet d'isoler par le lavage. En les examinant au microscope, j'y ai reconnu des formes cristallines fort nettes, quoique de très-petite dimension. Ces grains sont très-fortement attirables au barreau aimanté, et possèdent tous les caractères physiques et chimiques de la pyrite[2] magnétique découverte il y a quarante ans dans la pierre météorique de Juvinas. — La météorite d'Orgueil doit être rapportée au type des météorites *charbonneuses*, dont jusqu'à présent trois chutes seulement ont été signalées. Tous les morceaux ont leur surface fondue et vitrifiée ; cependant l'intérieur renferme des substances qui sont facilement volatilisables. Ces deux circonstances, en apparence contradictoires, s'expliquent si on admet que la chaleur subie par les météorites a été de si courte durée qu'elle n'a pu pénétrer dans l'intérieur de la masse, dont la substance est d'ailleurs mauvais

1. Sorte de houille.
2. Combinaison de soufre avec le fer ou le cuivre.

conducteur du calorique. Dans le cas qui nous occupe, la chaleur aurait dû être en quelque sorte instantanée, et cependant d'une intensité considérable, car il n'a pas fallu moins de la chaleur rouge blanc du chalumeau pour reproduire artificiellement ce vernis de fusion. Non-seulement la partie intérieure de la météorite est tendre et friable, mais elle se réduit en poudre impalpable aussitôt qu'elle prend le contact de l'eau, et que le sel soluble qui lui sert de ciment se trouve dissous. »

### Composition des aérolithes.

En étudiant les aérolithes et en les comparant aux autres minéraux, les savants sont arrivés à cette conclusion qu'ils sont bien composés des mêmes éléments (à peu près le tiers des corps simples connus), mais que par le mode d'agrégation ils sont tout différents et doivent être regardés comme étrangers à notre globe. Quelle que soit la date de leur chute, en quelque lieu qu'on les ait trouvés, ils ont des caractères communs bien évidents, et ce rapport est si frappant qu'on avait pu les regarder comme provenant d'un même rocher. A l'extérieur, une croûte noire, un émail brillant produit par des températures très-élevées, mais qui ne pénètre qu'à quelques millimètres; à l'intérieur, une singulière structure granuleuse, présentant sous le polissoir des traits bizarres, qu'on a pu comparer à des hiéroglyphes. Un aérolithe ressemble souvent à une pierre dans laquelle on aurait tiré des plombs de chasse. Les granules sont tantôt très-menus, comme dans l'échantillon qui a été décrit plus haut, tantôt gros comme du mil, des pois ou même des noisettes. Ils sont durs, et quand on les casse, on y aperçoit une cristallisation. La matière dans laquelle ils sont incrustés est de nature terreuse, plus ou moins consistante, grise d'ordinaire. Les substances qui la composent sont pour la plupart mélangées mécaniquement et non point combinées chimiquement. On met dans une classe à part les aérolithes presque entièrement formés de fer. Il faut remarquer que ce fer n'est nullement oxydé, qu'il est, comme disent les minéralogistes, *à l'état natif*, et qu'avec le nickel[1], qu'il tient le plus souvent en combinaison, il imprime aux aérolithes un cachet tout à fait spécial.

Les aérolithes pierreux, formés par le mélange de différentes substances minérales, ont constamment l'aspect de fragments, et on ne les trouve pas en grandes masses, comme ceux qui sont presque entièrement composés de fer. Il y en a de vraiment énormes parmi ces derniers. La masse météorique, observée par Pallas dans les plaines de la Sibérie, pesait 700 kilogrammes. Elle était tenue en vénération par les Tartares, et regardée par eux comme tombée du ciel. Une masse trouvée au Brésil pèse 6000 kilogrammes. D'après M. Beudant, il y a une masse semblable de 14 000 kilogr. à Olimpa, dans le Tucuman, et une de 19 000 kilogr. aux environs de Duranzo, dans le Mexique. Dans la partie orientale de l'Asie, non loin de la source de la rivière Jaune, se trouve, d'après Abel Rémusat, une masse d'environ quarante pieds de hauteur. Les Mongols l'appellent *Roche du pôle* et disent qu'elle tomba à la suite d'un météore. Le seul aérolithe de cette na-

1. Espèce de métal.

ture, dont l'origine céleste soit bien constatée, est tombé près d'Agram, en Dalmatie, le 26 mai 1751.

L'aérolithe le plus remarquable que possèdent les galeries minéralogiques du Muséum est celui de Privas (Ardèche), tombé le 5 juin 1821. Il pèse 92 kilogr., et il s'était enfoncé dans la terre de deux décimètres.

On retire ordinairement les aérolithes d'une assez grande profondeur du sol. Un calcul approximatif fait sur les données recueillies depuis qu'on les observe avec plus de soin, évalue à environ six cents le nombre annuel de chutes.

Les rochers de fer natif qui gisent à la surface du sol, dans différentes parties du globe, sans connexion avec les terrains environnants, sont probablement aussi des aérolithes.

En général, les aérolithes qu'on a pu toucher au moment de leur chute étaient très-chauds; mais on a récemment observé, au Pendjâb, un aérolithe terreux gelant les mains des personnes qui voulaient le relever. Il est facile d'expliquer cette basse température, si l'on admet que ces corps ont traversé les espaces interplanétaires, où la température s'abaisse, selon quelques physiciens, jusqu'à 140 degrés. Le passage dans l'atmosphère n'échauffe, comme nous l'avons déjà vu, que la surface de la masse météorique qui, en se brisant, laisse tomber des fragments de la partie centrale ayant gardé leur basse température. Dans les aérolithes métalliques, la transmission de l'énorme chaleur extérieure est très-rapide, et ils arrivent souvent à la terre comme des boulets rouges.

On doit à l'éminent géologue français, M. Daubrée, la production synthétique de plusieurs sortes de météorites. Les fers météoriques ont pu être imités facilement quant à la composition : il suffisait d'introduire dans du fer ordinaire, du nickel, du cobalt, du soufre, du phosphore, etc., dans des proportions convenables. Mais ce n'est qu'après l'essai de plusieurs méthodes différentes que l'expérimentateur est parvenu à leur donner la structure révélée par les figures régulières si caractéristiques appelées *figures de Wildmannstaetten*, du nom du savant qui le premier les a fait apparaître sur des fers météoriques naturels, en soumettant à l'action des acides la surface d'une section plane et en la polissant ensuite.

D'autres types furent obtenus en chauffant assez fort des mélanges appropriés pour les convertir sous l'action de l'oxygène en scorifications ; l'analogie d'un grand nombre de météorites avec certaines laves fut mise en évidence ; celles de ces météorites dont la chute est la plus fréquente sont composées du silicate magnésien appelé péridot, renfermant outre le fer et le sulfure de fer de petits globules pierreux. On en fait une imitation en chauffant au chalumeau à gaz, du silicium de fer dans une brasque de magnésie et en y ajoutant du nickel, du phosphore, etc.

Les météorites rangées en série sous le rapport de la densité parallèlement aux rochers qui composent la croûte du globe terrestre, suggèrent d'intéressantes idées sur la formation de celui-ci. Les roches éruptives les plus profondes (la cherzolithe et roches semblables) paraissent tout à fait comparables aux pierres du type commun que nous avons signalé, tandis que les couches plus centrales encore sont semblables aux météorites très-riches en fer, aux fers à péridot et aux fers météoriques proprement dits.

Diverses considérations portent à penser que l'ensemble des parties centrales du globe est composé de ces derniers minéraux, et il est bien curieux de voir l'étude des pierres tombées du ciel donner les notions les plus exactes sur ces mystérieuses profondeurs. La densité, en effet, que l'astronomie assigne à la planète est celle du fer (5,5). Le fer a été reconnu dans les roches volcaniques de la chaussée des Géants et de plusieurs autres localités. Le platine est quelquefois accompagné de fer natif provenant évidemment de très-grandes profondeurs; c'est grâce au dixième de fer auquel il est allié que le platine de l'Oural a des propriétés magnétiques.

Les roches de péridot, si rares à la surface, mais dont les basaltes ont apporté des cristaux certainement arrachés aux masses profondes, ont joué, d'après M. Daubrée, un rôle de premier ordre dans l'économie du globe. «Leur importance, dit-il, s'étend au système planétaire entier, autant du moins qu'on peut juger de ce dernier par les échantillons qui nous en arrivent; les roches à base de péridot méritent par suite de prendre dorénavant un rang particulier et considérable dans la classification générale de lithologie, où, en leur annexant la serpentine (qui paraît du reste être une altération du péridot), on pourrait les comprendre sous le nom de *Famille péridotique* ou de *Roches cosmiques*[1]. »

**Apparitions périodiques.**

Dès qu'on eut reconnu l'origine céleste de ces corps, on pensa qu'ils pouvaient provenir de la lune, et qu'ils

1. Voyez pour plus de détail un intéressant article de M. St-Meunier dans l'*Annuaire scientifique Dehérain* de 1869.

étaient le produit de ses volcans. On calculait que pour leur faire franchir la limite de son attraction, une force double de celle qui projette le boulet dans nos plus gros canons avait suffi. Ils seraient venus alors circuler autour de la terre et rencontrer quelquefois sa surface. Mais cette explication ne rendait pas compte des observations nouvelles dont nous allons parler, et qui ont conduit à une hypothèse plus générale.

Il s'agit des flux de météores qui illuminent le ciel à différentes époques de l'année, et dont quelques apparitions présentent une remarquable périodicité. Olmsted et Palmer ont fait une description de l'énorme essaim d'étoiles filantes, qu'ils observèrent en Amérique, dans la nuit du 12 au 13 novembre 1833. Elles tombaient comme des flocons de neige, et en neuf heures on évalua leur nombre, dans une seule station, à plus de deux cent mille. Elles brillaient de couleurs variées, des bolides de toute grandeur y étaient mêlés, pendant que sur le fond du firmament on apercevait de légères traces phosphorescentes. En 1799, à la même époque de l'année, Humboldt avait vu un phénomène presque aussi brillant à Cumana. En 1823, en 1832, il se produisit en Europe, et on l'observa ensuite régulièrement tous les ans jusqu'en 1842. Mais, à partir de cette date, le jour de son apparition se déplaça et s'écarta jusqu'à la fin d'octobre. En même temps, le phénomène s'était beaucoup amoindri, et avait même disparu entièrement.

Il n'en est pas ainsi pour une autre date, qui se maintient avec une grande précision. C'est celle du 10 août, ou plutôt du 9 au 11. Des documents certains établissent que les astronomes chinois ont observé, il

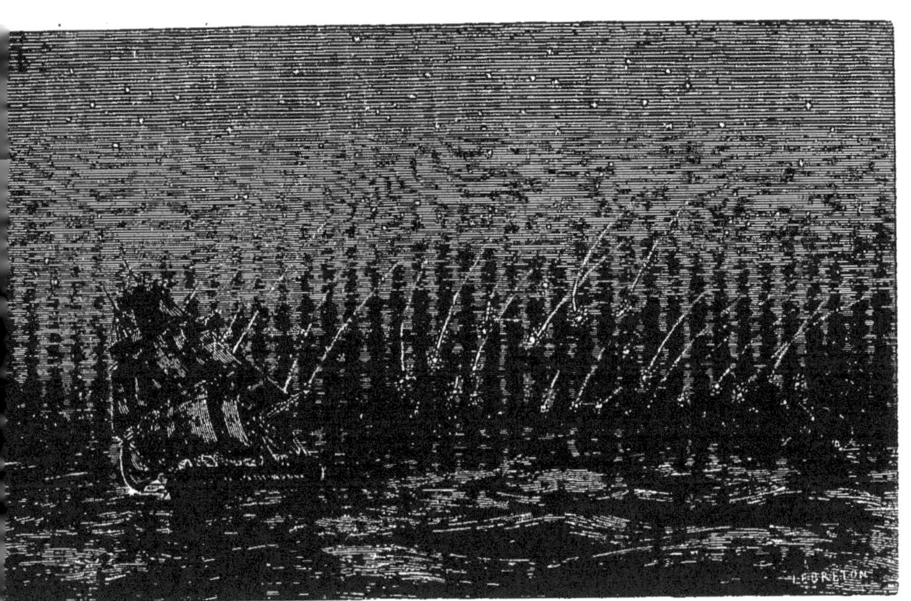

Essaim d'étoiles filantes.

y a plus de dix siècles, des pluies d'étoiles filantes, à cette même date, pendant une longue série d'années. Dans nos contrées, la tradition populaire relative aux larmes de feu de saint Laurent, le jour de sa fête (10 août), indique, sous une forme légendaire, le retour périodique de ces essaims de météores. M. Herrick, cité par Arago[1], rapporte aussi que « d'après une ancienne tradition répandue en Thessalie, au milieu des contrées montagneuses qui entourent le Pélion, le ciel s'entr'ouvre dans la nuit du 6 août, fête de la Transfiguration, et des flambeaux apparaissent à travers cette ouverture. »

Les recherches les plus récentes montrent, pour la plus grande partie de notre siècle, la constance du phénomène et sa visibilité sur le globe entier.

M. Quételet, dans un savant mémoire sur les *Étoiles filantes de la période du* 10 *août* 1863[2], reproduit la lettre suivante de sir John Herschel : « .... Quant à mon opinion sur ces phénomènes énigmatiques (c'est-à-dire par rapport à la question de leur origine extérieure ou intérieure à notre atmosphère), je ne pourrai qu'admettre la nécessité de leur attribuer une origine cosmique. Autrement je ne vois nulle part aucune explication tant soit peu admissible de la persistance d'année en année du même point de rayonnement par rapport anx autres — ni de la récurrence si régulière au même jour de l'année (10 août) — sinon par la rencontre de la terre avec un anneau « de quelque chose » circulant autour du soleil. Sans doute cette explication laisse encore beaucoup à *expliquer*, mais elle

1. Météores cosmiques.
2. *Bulletin de l'Académie royale de Belgique,* 2e série, t. XVI.

satisfait aux deux grandes conditions du problème, et ces deux grandes conditions sont les plus marquantes. Quant à leur grande élévation au-dessus de la terre, elle fait *soupçonner* une espèce d'atmosphère supérieure à l'atmosphère aérienne, plus légère et pour ainsi dire plus *ignée.* »

L'important ouvrage de M. Quételet sur la *Physique du globe*, publié en 1861, désigne ces deux couches atmosphériques de nature différente, par les noms d'*atmosphère mobile*, sujette à des variations de toute espèce, et d'*atmosphère immobile*, d'une densité très-faible, qui persiste dans un état de stabilité relative. « Cette atmosphère supérieure, favorable à l'inflammation et à l'éclat des étoiles filantes, ne serait pas nécessairement de même nature et de même composition que l'atmosphère inférieure dans laquelle nous vivons. »

M. Quételet fait aussi remarquer que l'existence même des étoiles filantes conduit nécessairement à admettre que la hauteur de l'atmosphère doit être au moins trois à quatre fois plus élevée qu'on ne le suppose aujourd'hui.

### Obscurcissement du soleil.

« Le disque du soleil, dit Arago[1], s'obscurcit parfois momentanément, et la lumière s'affaiblit à tel point qu'on voit les étoiles en plein midi. M. de Humboldt rappelle avec raison qu'un phénomène de ce genre, qui ne peut s'expliquer ni par des brouillards, ni par des cendres volcaniques, eut lieu en 1547, vers

1. *Astronomie populaire*, météores cosmiques.

l'époque de la fatale bataille de Mühlberg, et dura trois jours. Képler voulut en chercher la cause dans l'interposition d'une *materia cometica*, puis dans un nuage noir que des émanations fuligineuses, sorties du soleil, auraient contribué à former. Chladni et Schnurrer attribuaient au passage de masses météoriques devant le disque du soleil les phénomènes analogues des années 1090 et 1208, qui durèrent moins longtemps, le premier pendant trois heures, le second pendant six heures.

« Messier rapporte que le 17 juin 1777, vers midi, il vit passer sur le soleil, pendant cinq minutes, un nombre prodigieux de globules noirs. Ces globules ne faisaient-ils pas partie de l'un des anneaux d'astéroïdes dont toutes les observations des météores cosmiques tendent à faire admettre l'existence? Deux autres obscurcissements du Soleil, celui du commencement de février 1106 et celui du 12 mai 1706, pendant lequel, vers dix heures du matin, la nuit devint telle que les chauves-souris se mirent à voler, ne paraissent pas pouvoir s'expliquer autrement. »

### Anneaux de météorites.

Selon M. Le Verrier, la pluie d'étoiles filantes de novembre est due au passage d'un essaim de météorites parcourant autour du soleil une vaste orbite dans un sens inverse de celui du mouvement de la Terre et de tous les autres grands corps de notre système planétaire. Cet essaim n'appartiendrait donc pas au même ordre de formation que ces corps, il serait d'une époque cosmique postérieure. Les apparitions périodiques ont été constatées depuis 902, et comme depuis lors la distance de la Terre au Soleil a varié, on en conclut que l'essaim est fort large. De plus, par suite de l'indépendance de ses particules leurs vitesses diverses ont tendu à les répandre peu à peu le long de l'anneau. Si elles n'en occupent encore qu'un nombre limité de degrés, c'est que le travail de dislocation de l'essaim, dont la forme était sphérique au début, n'a commencé qu'il y a peu de siècles.

Un astronome anglais, en compulsant les annales chinoises où les pluies d'étoiles sont très-exactement enregistrées, a trouvé que le maximum d'éclat du phénomène revient après 33 ans environ, ce qui donne à l'orbite de l'essaim un grand axe égal à 20 rayons de l'orbite terrestre et une inclinaison de 14 degrés sur l'écliptique. En la traçant, M. Le Verrier a remarqué qu'elle est rencontrée vers les limites de sa partie supérieure par l'orbite d'Uranus, et admettant l'existence d'une foule d'essaims parcourant les espaces célestes, il pense que celui-ci a été jeté dans son orbite actuelle par l'action de la planète. L'événement aurait eu lieu dans l'année 126 de notre ère.

C'est parce que le phénomène est relativement nouveau que la distribution de la matière le long de l'orbite n'embrasse qu'un petit arc. Dans la suite des temps, on aura les apparitions pendant un nombre croissant d'années consécutives, mais elles s'affaibliront en intensité. Cette diminution proviendra non-seulement de l'expansion de l'essaim, mais en outre de ce que la Terre en dévie à chaque passage une notable partie qui donnent ensuite naissance aux étoiles irrégulières dont le ciel est sans cesse illuminé.

Une explication pareille peut être donnée pour les étoiles périodiques du 10 août, seulement le phénomène paraît beaucoup plus ancien. L'anneau a eu le temps de se fermer.

Les vues ingénieuses que nous venons de résumer peuvent faire juger du vif intérêt qui s'attache aujourd'hui au mystère des étoiles filantes. Les premiers voiles tombent à peine, mais les observateurs se multiplient et s'associent, les savants s'unissent, soutenus dans leurs persévérantes recherches par le profond sentiment qui a inspiré à Humboldt les pages suivantes :

« Voir le mouvement surgir soudain au milieu du calme de la nuit, troubler un instant l'éclat paisible de la voûte étoilée; suivre de l'œil le météore qui tombe, en dessinant sur le firmament une lumineuse trajectoire, n'est-ce pas songer aussitôt à ces espaces infinis, partout remplis de matière, partout vivifiés par le mouvement ? Qu'importe la petitesse extrême de ces météores dans un système où l'on trouve, à côté de l'énorme volume du Soleil, des atomes tels que Cérès, tels que le premier satellite de Saturne? Qu'importe leur subite disparition, quand un phénomène d'un autre ordre, l'extinction de ces étoiles qui brillèrent tout à coup dans Cassiopée, dans le Cygne et dans le Serpentaire, nous a déjà forcés à admettre qu'il peut exister, dans les espaces célestes, d'autres astres que ceux que nous y voyons toujours? Nous le savons maintenant, les étoiles filantes sont des agrégations de matière, de véritables astéroïdes qui circulent autour du Soleil, qui traversent, comme les comètes, les orbites des grandes planètes, et qui brillent près de notre atmosphère ou du moins dans ses dernières couches.

« Isolés, sur notre planète, de toutes les parties de la création que ne comprennent pas les limites de notre atmosphère, nous ne sommes en communication avec les corps célestes que par l'intermédiaire des rayons si intimement unis de la lumière et de la chaleur, et par cette mystérieuse attraction que les masses éloignées exercent sur notre globe, sur nos mers et même sur les couches d'air qui nous environnent. Mais si les aérolithes et les étoiles filantes sont réellement des astéroïdes planétaires, le mode de communication change, il devient plus direct, il se matérialise en quelque sorte. En effet, il ne s'agit plus ici de ces corps éloignés dont l'action sur la terre se borne à y faire naître les vibrations lumineuses et calorifiques, où bien encore à produire des mouvements, suivant les lois d'une gravitation réciproque : il s'agit de corps matériels qui, abandonnant les espaces célestes, traversent notre atmosphère, et viennent heurter la Terre dont ils font partie désormais. Tel est le seul événement cosmique qui puisse mettre notre planète en contact avec les autres parties de l'univers. Accoutumés comme nous le sommes à ne connaître les êtres placés hors de notre globe que par la voie des mesures, du calcul et du raisonnement, nous nous étonnons de pouvoir maintenant les toucher, les peser, les analyser. C'est ainsi que la science met en jeu dans notre âme les secrets ressorts de l'imagination et les forces vives de l'esprit, alors que le vulgaire ne voit, dans ces phénomènes, que des étincelles qui s'allument et s'éteignent, et dans ces pierres noirâtres, tombées avec fracas du sein des nues, que le produit grossier d'une convulsion de la nature. »

## X

## POUSSIÈRES DE L'ATMOSPHÈRE. — BROUILLARDS SECS.

Poussières cosmiques. — Cendres des volcans. — Sables des déserts. Brume rousse du cap Vert. — Pluies d'engrais. — Brouillards secs.

### Poussières cosmiques.

On doit attribuer une origine cosmique à une grande partie des poussières qui tombent de l'atmosphère. Non-seulement des aérolithes de très-faible consistance ont été recueillis, mais plusieurs savants pensent que l'apparition des bolides est souvent due à des corps de nature pulvérulente qui traversent l'espace céleste. Cette hypothèse a été énoncée dès 1849 par M. Heiss dans son ouvrage sur les étoiles filantes périodiques. « On conçoit facilement, dit aussi M. Haidinger dans un intéressant Mémoire[1], que des agglomérations de matière pulvérulente réunies en globe et passant par les couches supérieures de l'atmosphère, provoquent d'abord, dans leur ensemble, des phénomènes lumineux; mais elles doivent bientôt se résoudre en pous-

1. *Bulletin de l'Académie royale de Belgique*, t. XVIII

sière; de sorte qu'il n'existe plus rien de ce qui pourrait déterminer un développement de lumière. Nous rappellerons ici que, d'après M. Jules Schmidt, les météores les plus lumineux semblent s'allumer à des hauteurs plus considérables, tandis que ceux d'un éclat moins intense appartiennent à des régions moins élevées. Les différents modes de diffusion de la lumière peuvent être attribués au plus ou moins de volume des particules. Les plus petits grains de poussière émettent de la lumière dès qu'ils ont atteint les couches supérieures, et s'éteignent tout aussi promptement, parce que, après un court trajet, ils sont dissipés par la résistance de l'atmosphère. Les particules moins déliées parcourent un chemin plus long, mais s'éteignent aussi, généralement, à des hauteurs considérables. »

Les grands météores, arrivés aux couches inférieures, qu'on a vus animés d'un mouvement de rotation, et qui ont disparu sans donner lieu à une chute d'aérolithes, peuvent être considérés comme des agglomérations relativement volumineuses de substances pulvérulentes. Ils laissent fréquemment des traînées lumineuses qui persistent longtemps. L'amiral de Krusenstern, dans son voyage autour du monde, a vu la large trace d'un bolide briller pendant plus d'une heure, sans changer sensiblement de place. Nous avons parlé de nuages qu'on voit pendant le jour à la suite des météores. M. B. V. Marsh, en décrivant celui qui a paru le 15 novembre 1859, dans une partie de l'Amérique, dit qu'il laissa une colonne de fumée d'environ mille pieds de diamètre, dont la base était située à une élévation d'à peu près huit milles. Ces apparences ne s'expliquent que par la supposition d'immenses amas de matière pulvérulente.

Un savant allemand, M. de Reichenbach, qui s'est beaucoup occupé des aérolithes, a publié des travaux remarquables sur leurs relations avec les comètes, qu'il considère comme composées de la même matière, réduite à des particules excessivement petites et très-éloignées les unes des autres[1]. La condensation à divers degrés de ces nuages de poussière cosmique lui paraît pouvoir rendre compte de l'apparence granuleuse observée dans les pierres météoriques, et même dans les masses de fer, qu'il est aussi parvenu à séparer en globules.

La chute de poussière dont la matière était identique à celle des aérolithes, ressort des récentes analyses chimiques, aussi bien que d'un assez grand nombre de relations historiques. Pline affirme « qu'on a vu dans le ciel un incendie tomber sur la terre en pluie de sang. » Cet incendie devait être la lumière répandue par un bolide, et le sang une poussière rouge mouillée par la pluie. Dans Procope, il est question d'une grande chute de poussière noire, aux environs de Constantinople, en 472, poussière qui devait accompagner un météore lumineux, car, d'après l'historien, « le ciel semblait brûler. »

Arago a réuni beaucoup de faits semblables dans son *Astronomie populaire*. Il cite la chute d'une matière rouge et noirâtre qui eut lieu à Verde, en Hanovre, et fut accompagnée d'un globe de feu et de détonations. Cette matière brûlait les planches sur lesquelles elle tombait. En 1813, le 14 mars, on vit tomber en Calabre, dans la Toscane et le Frioul, de la poussière et de la neige rouges ; on entendit en même temps

1. *Revue germanique*, mai 1859.

un grand bruit et des pierres se précipitèrent sur le sol à Cutro. Sementini trouva dans plusieurs échantillons de cette poussière la composition chimique ordinaire des aérolithes.

En novembre 1819, à Montréal et dans la partie septentrionale des États Unis, il tomba de la pluie et de la neige de couleur noire. Cette chute était accompagnée d'un obscurcissement du ciel extraordinaire, de secousses analogues à celles ressenties pendant les tremblements de terre, de détonations et d'éclairs très-forts. Quelques personnes ont attribué le phénomène à l'incendie d'une forêt ; mais le bruit, les secousses et toutes les circonstances de cette apparition montrent que c'était un véritable météore.

Nous rapporterons encore une observation curieuse due au capitaine américain Callam. Son navire se trouvait dans l'océan Indien, au sud de Java, lorsqu'une pluie de petites pierres très-fines tomba subitement sur le pont, sans qu'aucun autre phénomène lui permît d'expliquer cette singulière circonstance. Il recueillit plusieurs fragments, et le commandant Maury, auquel il les remit à son retour en Amérique, les adressa à M. Ehrenberg, qui, à l'aide d'un puissant microscope, reconnut que la matière de ces fragments avait été précédemment liquide et qu'elle s'était solidifiée pendant sa chute. Elle présentait une complète ressemblance avec les résidus de la combustion d'un fil d'acier brûlant dans un flacon rempli d'oxygène, ce qui conduit à regarder les fragments comme des gouttelettes provenant de la surface incandescente d'un aérolithe qui avait passé au-dessus du navire.

### Cendres des volcans.

Du sein de la terre s'élèvent aussi des poussières qui se répandent souvent dans une grande partie de l'atmosphère. Ce sont les cendres des volcans, qui tantôt sont dispersées par les vents, et tantôt s'abattent en flots épais sur le sol, ensevelissant des villes entières. L'épisode suivant de la plus grande de ces catastrophes donnera une idée du phénomène :

« En 79, sous Titus, le naturaliste Pline commandait la flotte romaine, auprès du cap Misène, à l'ouest de Naples. Sa sœur, la mère de Pline le Jeune, attira un soir son attention sur un nuage d'une grandeur et d'une forme extraordinaires. Ce nuage, après s'être élevé en colonne verticale, s'évasait à son sommet et prenait l'apparence d'un pin parasol. Pline fit préparer une barque et se dirigea rapidement vers le Vésuve, d'où, comme on le vit bientôt, sortait ce nuage ou plutôt cette fumée. L'épaisse pluie de cendre, de pierre-ponce et de fragments de roches lancée par le cratère répandait déjà la terreur dans la contrée. Le naturaliste marcha intrépidement vers le danger. Près de Stabia, il passa la nuit dans une villa, et, fatigué, s'endormit si profondément qu'on entendait sa respiration du dehors. Quand on le réveilla, il put sortir à grand'peine, la cendre ayant presque entièrement barré la porte. Au commencement du jour, que l'irruption rendait obscur comme la nuit, il voulut s'avancer pour observer et dessiner le phénomène. Les flammes et les vapeurs sulfureuses, qui faisaient reculer tout le monde, excitaient au contraire son ardeur. Mais bientôt après, on le vit chercher à se relever du siége où il s'était placé, et tomber subitement, frappé d'asphyxie[1]. »

On sait que, pendant cette violente irruption du Vésuve, les villes de Pompeia, de Stabia et d'Herculanum disparurent, les deux premières sous un amas de cendres et de scories, la dernière sous la lave. Elles restèrent ainsi ensevelies pendant 1700 ans, et l'on ne connaissait plus exactement leur position quand le hasard les fit découvrir.

Le capitaine Basil Hall rapporte l'observation suivante : « Le 1er mai 1812, après de violentes détonations qui épouvantèrent les habitants de la Barbade, on aperçut, au-dessus de l'horizon de la mer, un nuage noir qui bientôt couvrit tout le ciel, où commençaient à poindre les lueurs du crépuscule. L'obscurité devint telle que dans les appartements il était impossible de distinguer la place des fenêtres, et qu'en plein air plusieurs personnes ne purent voir ni les arbres à côté desquels elles passaient, ni les contours des maisons voisines, ni même des mouchoirs blancs placés à 15 centimètres des yeux. Ce phénomène était occasionné par la chute d'une énorme quantité de poussières volcaniques, provenant d'un volcan de l'île Saint-Vincent, et qui contenait, d'après une analyse du docteur Thomson, 91 parties de silice et d'alumine, 8 de calcaire et 1 d'oxyde de fer. Cette pluie d'un nouveau genre, et l'obscurité profonde qui en était la conséquence, ne cessèrent entièrement qu'entre midi et une heure ; mais plusieurs fois, depuis le matin, on avait remarqué, en s'aidant d'une lanterne, comme des averses dans lesquelles la poussière tombait en plus grande abondance.

1. *La Terre et l'homme,* par F. Schouw.

Les arbres d'un bois flexible ployaient sous le faix; le bruit que les branches des autres arbres faisaient en cassant contrastait d'une manière frappante avec le calme parfait de l'atmosphère. Les cannes à sucre furent totalement renversées, et toute l'île se trouva couverte d'une couche de cendre verdâtre qui avait 3 centimètres d'épaisseur. »

L'île Saint-Vincent étant située à 170 kilomètres à l'ouest de la Barbade, Arago déduit de ce transport de cendres volcaniques une preuve de l'existence du contre-courant supérieur aux vents alizés qui, dans ces parages et particulièrement en avril et mai, soufflent uniformément de l'est avec une légère déviation vers le nord. Il faut donc admettre que le volcan de Saint-Vincent avait projeté l'immense quantité de poussière qui tomba sur la Barbade et les mers voisines, jusqu'à une hauteur où non-seulement les vents alizés ne se faisaient pas sentir, mais où régnait même un courant diamétralement opposé.

Dispersées par les vents, les cendres volcaniqus parviennent quelquefois à de très-grandes distances. On a recueilli celles du Vésuve à Constantinople. Dans la formidable éruption du Tomboro, volcan de l'île de Sambava, qui eut lieu en avril 1815, les cendres s'étendirent sur Java, Macassar et Batavia. Elles atteignirent même Bencoolen, à Sumatra, distant de plus de 1500 kilomètres.

### Sables des déserts.

Dans les déserts, les vents transportent de grandes masses de poussière, qui causent parfois des catastrophes terribles. Le sol est un sable léger, soulevé par les tourmentes comme les flots de la mer. D'énormes tourbillons ensevelissent des caravanes entières, et souvent c'est aux ossements retrouvés dans le sable qu'on reconnaît le chemin dans ces vastes solitudes.

Un trait caractéristique du globe est cette ligne de déserts qui traverse l'Afrique et l'Asie formant une zone de quatre cents lieues de diamètre en quelques points, sur une longueur totale de près de trois mille lieues, du Sénégal au Nil, de l'Arabie à la Mongolie. Dans certaines localités du Sahara, dans le désert de Cobi, on a reconnu indistinctement le fond d'anciennes mers, et on peut se figurer une époque où la série des mers intérieures, la Méditerranée, la mer Noire, la mer Caspienne, la mer d'Aral et tous les lacs des steppes, jusqu'au lac Baïkal, se répétait sur une région parallèle plus méridionale et plus exposée au dessèchement.

« La production de la continuité entre les déserts, dit Jean Reynaud en développant cette hypothèse[1], s'expliquerait tout naturellement par une des grandes lois de l'atmosphère : je veux parler du mouvement habituel de l'air, d'Occident en Orient, dans les zones tempérées. En supposant à l'origine des amas de sable distincts, et disposés, comme le désert actuel, suivant une ligne peu écartée de la parallèle à l'équateur, le sable, constamment jeté vers l'est par le vent, aurait nécessairement fini par faire partout, à partir de son point de départ, de longues traînées allant rejoindre les traînées suivantes, et par réunir ainsi tous les déserts primitifs en un seul. Ce déplacement des déserts, cette extension continuelle de leurs limites vers l'est, du

1. *Encyclopédie nouvelle.*

moins dans les zones tempérées, est une chose certaine. La nature n'a pas fixé le sable comme la mer, Dieu n'a pas dit au désert en le créant : Tu n'iras pas plus loin. Ce n'est pas l'Égypte du moins qui pourrait le mettre en doute. Le vent chasse sur elle le sable du Sahara, et il en a déjà jeté assez pour couvrir presque entièrement les parties supérieures de la vallée du Nil. Encore quelques siècles, et la Haute-Égypte sera entièrement ensevelie ; les sables s'accumuleront au pied des montagnes qui la séparent de la mer Rouge jusqu'à ce qu'enfin ils se soient élevés à leur niveau et qu'ils puissent, continuant leur route, combler la mer et étendre sur l'Arabie le manteau continu du désert.

« Les cantons de la Thébaïde, autrefois les plus peuplés et les plus florissants de la terre, appartiennent maintenant au désert. Les temples élèvent sur le sable, comme sur les eaux d'un déluge, leurs sommités désolées, et les sphinx, semblables à ces animaux fossiles de l'ancien monde dont on ne découvre plus les traces qu'au sein des couches souterraines, dorment en paix dans ces profondeurs. »

A cet émouvant tableau de l'envahissement progressif des déserts, Jean Reynaud ajoute les considérations suivantes : « La traversée de ces inhospitalières solitudes deviendra-t-elle jamais plus facile et plus prompte qu'elle ne l'est maintenant ? L'industrie des nations civilisées a-t-elle à ajouter quelque chose à ce qu'a institué pour cet objet l'expérience des populations nomades qui hantent le désert ? Cela ne me paraît point douteux, tant la puissance humaine me paraît grande ; mais je reconnais en même temps qu'une pareille tâche est au-dessus de ses forces. Nous avons soumis l'Océan à la puissance de la vapeur au moyen des pyroscaphes ; nous lui soumettrons, quand nous le voudrons, les montagnes, au moyen des routes de fer inclinées ; mais comment lui soumettrons-nous jamais l'élément indocile du désert ? C'est un rude problème. Sa solution ne doit sans doute pas s'attaquer directement ; d'ailleurs le temps n'en est pas encore venu. Mais il suffit de poser la question pour entrevoir aussitôt toute la majesté du désert : une force qui a renversé tant d'autres barrières n'a pas même prise sur celle-ci. Tout ce que l'on est fondé à dire avec certitude, à l'honneur de l'homme, sur ce sujet, c'est que l'ingénieur sait dès à présent fixer les dunes mouvantes en couvrant leurs flancs de plantations convenables ; que l'agriculteur, en s'aidant du secours des irrigations, cultive et fertilise peu à peu les sables les plus arides ; enfin, que, dans les contrées les plus éloignées du cours des rivières, le mineur, comme jadis Moïse au désert, peut, en frappant le rocher de sa verge de fer, en faire jaillir des fontaines, et donner ainsi naissance, au milieu des plaines les plus dépourvues des biens de la nature, à de verdoyantes oasis. Mais de ces essais entrepris sur une petite échelle dans quelques cantons, à la culture en grand du Sahara et à l'établissement des voies perfectionnées de communication sur son ondoyante surface, il y a aussi loin que de l'époque actuelle à l'époque la plus reculée dans la profondeur de l'avenir que notre imagination puisse concevoir. »

Ajoutons ici que la récente découverte par nos ingénieurs d'une grande couche aquifère s'étendant au-dessous du Sahara algérien à une profondeur qui permet d'établir facilement des puits artésiens, peut permettre d'espérer une moins lente transformation. Partout où jaillit la nappe souterraine s'élèvent aussi bientôt les forêts de palmiers qui forment les oasis. L'oasis d'Ouargla, qui possède un grand nombre de puits artésiens, compte jusqu'à 150 000 palmiers qui, suivant le dicton arabe, vivent « le pied dans l'eau et la tête dans le feu, » favorisant les cultures, qui ne sont possibles que sous leur bienfaisant abri.

Les navigateurs rencontrent souvent, en suivant les côtes d'Afrique, des vents auxquels leur chaleur brûlante, une extrême sécheresse et la présence du sable donnent un caractère particulier, qu'il faut attribuer à leur passage sur le désert. Ils sont désignés, suivant les localités, par les noms de simoun, de sirocco, de khamsin, d'harmattan, etc. Pendant la durée du simoun, qui souffle souvent en tourbillon, on a constaté une température de 50 degrés, à l'ombre. Le sirocco arrive jusqu'aux rivages méridionaux de l'Italie et y transporte des sables. Le khamsin, d'une température très-élevée, doit son nom (*cinquante*) à sa longue durée; il précède et suit l'équinoxe pendant vingt-cinq jours. L'harmattan, qui souffle sur la côte de Guinée, est toujours accompagné d'un brouillard d'une espèce particulière. « Ce brouillard, dit Arago, assez épais pour ne donner passage à midi qu'à quelques rayons du soleil, s'élève toujours quand l'harmattan souffle. Les particules dont il est formé se déposent sur le gazon, sur les feuilles des arbres et sur la peau des nègres, de telle sorte que tout alors paraît blanc. On ignore quelle est la nature de ces particules; on sait seulement que le vent ne les entraîne sur l'Océan qu'à une petite distance des côtes; à une lieue en mer le brouillard est déjà très-affaibli; à trois lieues il n'en reste plus de trace, quoique l'harmattan s'y fasse encore sentir dans toute sa force.

**Brume rousse du cap Vert.**

M. Ehrenberg croit que le nom de *mer ténébreuse*, donné par les anciens à l'océan Atlantique, provenait du phénomène qu'on observe lorsqu'après être sorti du détroit de Gibraltar on s'avance vers les parages du cap Vert. Aux approches des équinoxes, dans un intervalle de temps qui varie de trente à soixante jours, il y tombe une poudre rouge, très-fine, qui obscurcit l'air et se dépose sur les agrès des navires. Cette pluie de poussière, connue aussi sous le nom de brume rousse, s'étend sur une surface maritime de plus d'un million de milles carrés.

Sur différents points de la Méditerranée, de l'Europe et de l'Asie occidentale, on a aussi constaté de nombreuses chutes de poussière rouge, mais à des époques irrégulières. Près de Lyon, par exemple, en 1846, il en tomba sur une surface de quatre cents milles carrés une quantité dont on évalua le total à 7200 quintaux. Cette poussière n'est pas composée seulement de sable et d'argile, mais encore de substances organiques, d'infusoires qu'un microscope puissant rend visibles. Une espèce de galionelle, qui avec l'argile donne la couleur au mélange, est si petite qu'il faut près de deux millions de ces animalcules pour remplir un pouce cube. Ce qui est surtout remarquable, c'est que dans les nombreux échantillons examinés par M. Ehrenberg, et qui ont été recueillis tant sur l'Atlantique qu'en Europe, dans l'Asie Mineure et en Syrie, il a trouvé toujours les mêmes espèces. Ce savant a dressé une carte[1] sur laquelle sont marqués tous les endroits

1. *Magasin pittoresque*, mars 1863.

où la poussière est tombée. Il admet qu'on peut confondre avec ce phénomène les pluies de sang rapportées par l'histoire, ce liquide étant trop bien figuré par la substance rouge mouillée, pour qu'on ne doive pas expliquer ainsi le fait légendaire.

L'intéressante question de l'origine de ces poussières l'a ensuite occupé, et amené à analyser un grand nombre d'échantillons du sol recueillis sur différents points de l'Afrique et de l'Amérique du Sud. Le résultat de ces recherches a été que nulle part, dans le premier de ces continents, ne se rencontrent les espèces d'infusoires reconnues dans les poussières, tandis que dans le second elles se trouvent sur les bords de l'Orénoque et de l'Amazone.

Cette circonstance a vivement frappé le commandant Maury, qui a vu que les poussières peuvent servir d'*étiquettes* pour indiquer les circuits faits par les courants aériens, comme les bouteilles jetées à la mer par les navigateurs marquent le trajet des courants de l'Océan.

La périodicité indiquée pour l'apparition des poussières au cap Vert doit tenir, selon Maury, au mouvement d'oscillation nord et sud de la zone des calmes équatoriaux, mouvement qui transporte la saison des pluies sur une certaine étendue de la surface de l'Amérique : « A l'époque de l'équinoxe du printemps, dit-il, la vallée du bas Orénoque est dans la saison sèche; les marais et les plaines y sont convertis en déserts arides; l'eau y a pour ainsi dire disparu et les alizés peuvent facilement entraîner la poussière qui tourbillonne dans ces savanes desséchées. Six mois plus tard, à l'équinoxe d'automne, la position des zones de calmes et d'alizés a changé; c'est une grande partie du bassin de l'Amazone qui est en proie à la sécheresse, et qui, à son tour, fournira aux grandes brises de cette époque de l'année la poussière organique que nous retrouvons dans l'autre hémisphère. »

Humboldt fait bien comprendre comment la poussière est soulevée dans ces ardentes plaines : « Quand par un soleil vertical, sous un ciel sans nuages, le tapis d'herbe se carbonise et se réduit en poussière, on voit le sol durci se crevasser comme sous la secousse de violents tremblements de terre. Si, dans ce moment, des courants d'air opposés viennent à s'entre-choquer, déterminant par leur lutte un mouvement giratoire, la plaine offre un spectacle étrange. Pareil à un nuage conique dont la pointe rase le sol, le sable s'élève au milieu du tourbillon chargé de fluide électrique ; on dirait une de ces trombes bruyantes que redoute le navigateur expérimenté. La voûte du ciel qui paraît abaissée ne reflète sur la plaine désolée qu'une lumière trouble et opaline. Tout à coup l'horizon se rapproche et resserre l'espace. Suspendue dans l'atmosphère nuageuse, la poussière embrasée augmente encore la chaleur suffocante de l'air. Au lieu de la fraîcheur, le vent d'est, balayant le sol embrasé, apporte une chaleur plus ardente. »

### Pluies d'engrais.

Nous avons encore à parler des poussières qui flottent habituellement autour de nous, et que le rayon lumineux fait apparaître dans un espace obscur en tourbillons d'étincelles.

A la poudre des chemins se mêlent les débris de tout

ce dont nous nous servons, les parcelles de la fumée de nos foyers, les particules provenant de la décomposition des organismes. Ces matières ont une grande importance qui a été signalée par de savants agronomes. « Peut-être, dit M. Barral, serait-il juste de dire que l'air, considéré dans l'état de pureté que l'on réalise quelquefois dans les laboratoires, frapperait la terre de stérilité; peut-être est-il nécessaire au maintien de la vie sur notre planète qu'une foule d'impuretés soient incessamment transportées par les vents et les tempêtes, des lieux où elles se produisent vers les terrains où des germes les attendent pour être fécondées. »

Un grand nombre de sels, notamment le sel marin, qui sont propres à fournir les éléments nécessaires à la végétation, existent dans les eaux pluviales et par conséquent dans l'atmosphère. Dalton a trouvé 137 milligrammes de chlorure de sodium (sel marin) par litre, près de Manchester; M. Barral a constaté qu'il y en a 4 milligrammes dans les eaux de pluie de Paris. A mesure qu'on s'éloigne des côtes la proportion de sel diminue, et tout porte à penser que cette substance a été enlevée aux vagues de l'Océan par les grands vents et emportée vers l'intérieur. Des pluies salées sont souvent mentionnées dans les ouvrages de météorologie; Pline en cite plusieurs. Quelquefois on a trouvé avec le sel l'iode et le brome qui l'accompagnent dans les eaux de la mer.

Des particules de matières phosphorées se trouvent aussi dans l'air, enlevées sans doute, sous forme de poussière, aux parties de la surface du globe où le phosphate de chaux est abondant. Cette poussière, entraînée par les pluies, contribue puissamment à la fécondité du sol. Chaque récolte de blé enlevant près de huit kilogrammes de phosphore par hectare, et l'apport atmosphérique étant beaucoup moindre, on comprend comment les peuples qui, comme les Arabes, ne fument pas leurs terres, sont obligés, après avoir obtenu quelques maigres produits, de les abandonner pendant plusieurs années, jusqu'à ce que les champs aient reçu les éléments nécessaires à une nouvelle moisson. La mer, qui, dans certaines circonstances et surtout pendant les orages et les tempêtes, s'illumine de clartés phosphorescentes dues à la présence d'innombrables animalcules, doit aussi contribuer à la diffusion du phosphore. Cette substance provient encore de la putréfaction souterraine des matières animales, et se répand dans l'atmosphère, au-dessus des marécages, par ces mystérieux feux follets qui ont donné lieu à tant de récits superstitieux.

### Brouillards secs.

Nous rattachons aux poussières atmosphériques le phénomène des *brouillards secs* dû à des matières très-ténues, mais non aqueuses, suspendues dans l'atmosphère dont elles troublent la transparence. Humboldt, sur le sommet du Silla, se trouva enveloppé d'un épais nuage qui lui dérobait la vue des objets les plus rapprochés, sans que ses vêtements fussent devenus humides. L'hygromètre marquait le plus haut degré de sécheresse.

En Suisse, on donne le nom de *hâle* à une sorte de fumée qui accompagne les vents du nord, pendant l'été, et s'étend autour de l'horizon en masquant la vue des Alpes. Elle est tantôt grise, tantôt rousse, et le soleil,

Feu follet.

lorsqu'il paraît au travers, a une teinte rouge sombre. La *callina* est une vapeur semblable qui, en Espagne, donne au ciel une couleur plombée.

Dans le nord de l'Allemagne, certains brouillards secs sont une véritable fumée produite dans les champs par la combustion de la tourbe et autres matières végétales. De grandes surfaces s'allument souvent spontanément dans les tourbières, et la quantité de combustible brûlé atteint alors des millions de kilogrammes. On a constaté que le vent souffle toujours du côté des tourbières quand le brouillard sec apparaît. « Le brouillard si épais de 1834 venait, dit Kœmtz, de la combustion des tourbières et des incendies qui ont signalé cette année. Pendant qu'on l'observait à la fin de mai dans le Hartz, aux environs de Bâle et d'Orléans il y avait des incendies dans les tourbières. Ainsi, en particulier, la tourbière de Dachau, en Bavière, brûla jusqu'à la profondeur de trois mètres, et l'incendie se propagea même par-dessous des fossés pleins d'eau. Aux environs de Munster et dans le Hanovre, plusieurs tourbières furent consumées. Plus tard, en juillet, il y eut des incendies terribles de forêts et de tourbières près de Berlin, en Silésie, en Suède et en Russie; la sécheresse favorisa la propagation de ces incendies et le transport de la fumée. »

M. Le Verrier a donné la description d'un nuage singulier qui s'observe tous les jours à Paris et qui provient de la fumée des usines situées du côté de la Maison-Blanche : « Le spectacle, dit-il, est vraiment curieux à voir. Du haut de la cheminée sort un cône noir comme l'encre. Ce cône s'épanouit petit à petit, passe au-dessus de Paris, et vient passer tantôt au nord, tantôt au sud de l'Observatoire. Quand il passe au nord, nous le suivons jusqu'à Gentilly. Il n'y a pas de soleil sur une grande partie de Paris, c'est du moins ce que la population s'imagine; il est voilé au sud par la fumée de ces usines, tandis qu'au nord il est éclatant.

On a vu quelquefois d'immenses vols d'insectes présenter l'apparence de nuées : « Le mardi 7 septembre, par un temps très-calme, des ouvriers employés au reboisement d'une partie de la montagne de l'Espérou, ont été témoins d'un phénomène extraordinaire et peut-être sans exemple dans ces contrées. A deux heures du soir, un bruit sourd et monotone, à peu près analogue à celui que produit un orage lointain, fixa leur attention sur un épais brouillard qui traversait un mamelon à environ 10 kilomètres devant eux. L'air était très-calme, ils furent étonnés de ce bourdonnement, et leur première pensée les fit croire à un incendie du côté de l'Espérou; mais voulant bien reconnaître la cause réelle de ce brouillard intense, ils ne furent pas peu surpris lorsque, s'étant avancés, ils reconnurent que c'était une colonne immense de moucherons dont la longueur était de plus de 1500 mètres, sur une largeur de 30 et 50 de hauteur. Cette colonne d'insectes se dirigeait de l'est à l'ouest. Un témoin oculaire, le garde forestier qui dirige le reboisement, nous a fourni ces renseignements[1]. »

Un brouillard sec extraordinaire s'étendit en 1773 sur toute la surface de l'Europe et sur une partie de l'Asie. Son épaisseur était telle que dans quelques

1. *Écho des Cévennes*.

endroits on ne pouvait distinguer les objets distants d'un quart de lieue, et qu'à midi on fixait le soleil sans être ébloui. Le phénomène fut remarqué d'abord à Copenhague, le 19 mai, après une succession de beaux jours. Sur d'autres points il fut précédé de vent et de pluie. On le vit le 6 juin à la Rochelle, à Dijon le 14, le 16 à Manheim et à Rome. Il parut le 19 dans les Pays-Bas, le 22 en Norvége, le 23 sur le Saint-Gothard et en Hongrie ; vers la fin de juin en Syrie, et le 1er juillet sur les cimes de l'Altaï. Sa durée fut plus ou moins longue dans ces différents lieux, où il fut plusieurs fois interrompu par des jours sereins. Ce brouillard présentait une particularité très-remarquable pendant la nuit. Il était phosphorescent, et la clarté qu'il répandait suffisait pour permettre de lire.

On a fait un grand nombre de suppositions sur la cause de ce phénomène. D'après van Swinden et Toaldo, il faudrait l'attribuer aux tremblements de terre et aux éruptions volcaniques qui, cette même année, bouleversèrent la Calabre et l'Islande. Du mois de février à la fin de mars, on vit en Calabre d'énormes dislocations dans les montagnes, un grand nombre de gouffres s'ouvrirent et projetèrent de la fumée ; plus de cent mille hommes périrent sous les débris des villes écroulées. Les éruptions commencèrent en Islande le 1er juin. Dix-sept villages furent engloutis, et les laves de l'Hécla consumèrent une très-grande quantité de végétaux. Il y eut bien aussi en Europe de nombreuses tourbières en combustion. Mais aucune de ces explications ne paraît suffisante. Franklin émit une hypothèse qui se rapproche peut-être de la vérité. Selon lui, un immense bolide était venu s'enflammer dans les hautes régions de l'atmosphère, et l'étrange brouillard était dû à une vapeur d'origine cosmique.

Un phénomène semblable fut observé, au mois d'août 1831, dans une partie de l'Europe, sur la côte nord de l'Afrique et aux États-Unis. Il affaiblissait aussi la clarté du jour et répandait, la nuit, une lueur phosphorescente. Aucune comète n'ayant été découverte aux époques où apparurent ces brouillards secs, on n'a pu les considérer comme produits par les vapeurs cométaires que la Terre, d'après Arago, traverse plusieurs fois dans le cours d'un siècle, et qui doivent être l'origine de phénomènes atmosphériques, parfois visibles, mais qui, le plus souvent, passent inaperçus, à cause de l'excessive ténuité des matières dont se compose la queue des comètes.

# XI

## PRONOSTICS DU TEMPS.

Progrès de la météorologie. — Prévision du temps. — Orphée, Homère, Hésiode, Virgile. — Pronostics fournis par les animaux. — Pronostics tirés des végétaux, de l'état du ciel. — Caractères des saisons et des années futures. — Étoiles filantes. — Influence de la lune.

### Progrès de la météorologie.

Hippocrate, dans son *Traité des airs, des eaux et des lieux*, Aristote, dans ses *Météorologiques*[1], soumirent l'observation des phénomènes atmosphériques aux méthodes expérimentales, et rassemblèrent les premiers éléments d'une météorologie positive. Les progrès de la science, malgré la vive impulsion donnée par ces deux grands esprits, et malgré les travaux de Théophraste, de Pline et de Sénèque, furent très-lents jusqu'au moyen âge, où les découvertes d'Avicenne,

1. *Météorologie d'Aristote,* traduite en français pour la première fois par J. Barthélemy Saint-Hilaire. Paris, 1863.

d'Albert le Grand et de Roger Bacon lui firent faire un nouveau pas. Mais c'est au remarquable progrès des sciences physiques, à Galilée, Porta, Descartes, Pascal, Huygens, Mariotte, que la météorologie doit les découvertes qui ont assuré son développement.

Parmi les savants dont les travaux ont donné, plus récemment, un puissant essor à cette branche si importante de la science, nous citerons seulement Humboldt et Maury, auxquels on doit surtout la multiplication des observatoires qui, sur terre et sur mer, recueillent aujourd'hui tant de précieux documents. C'est aussi à leur persévérante initiative que nous devons les grandes associations par lesquelles la météorologie entre aujourd'hui dans la voie pratique, justifiant, par ses nombreuses applications à l'agriculture, à la navigation, à l'hygiène, à la géologie, l'intérêt universel qui s'est toujours attaché à ses recherches.

Si nous rapprochons les croyances superstitieuses du passé des enseignements de la science contemporaine, nous voyons que c'est à l'amour du merveilleux, à notre commune tendance vers l'inconnu, autant qu'à notre primitive ignorance, qu'il faut attribuer l'intervention du surnaturel dans l'explication ancienne de la plupart des phénomènes atmosphériques et terrestres. Mais cet amour, cette tendance, qui, à travers tant d'erreurs, nous ont pourtant guidés vers la vérité, existent toujours en nous, et nous devons penser qu'ils ne cesseront pas d'intervenir dans notre progrès intellectuel et moral. Dirigés maintenant vers des régions moins obscures, vers des vérités plus lumineuses, ils nous conduiront à une interprétation plus haute de l'action divine, à une connaissance plus exacte des lois fondamentales dont le règne bienfaisant maintient

« l'ordre dans l'univers et la magnificence dans l'ordre[1]. »

### Prévision du temps.

« Malgré la direction favorable imprimée à la météorologie par les travaux de plusieurs savants célèbres, cette science est encore loin d'approcher de la perfection des autres sciences naturelles. Elle se compose de phénomènes variables et multipliés que vient encore compliquer une foule de circonstances, à l'influence desquelles il est impossible de les soustraire, et qui sont modifiées à l'infini en raison des climats, de la constitution locale, de la configuration, la nature, l'élévation ou l'abaissement du sol. Aussi n'est-ce qu'en multipliant les observations, en les répétant sans cesse dans différents endroits, qu'on parviendra à en faire sortir des lois générales, que l'on entrevoit dans l'ensemble des phénomènes, mais dont l'application échappe dans les circonstances particulières. Si l'on parvient jamais à ramener à un petit nombre de lois fondamentales les phénomènes de la météorologie, peut-être arrivera-t-on un jour à prévoir avec un certain degré de probabilité la force et l'intensité des saisons. Sans parler de tous les avantages qui en résulteraient, on conçoit l'importance de celui qui permettrait au cultivateur de combiner ses travaux en raison du temps qui devrait ou les favoriser ou leur nuire. Mais ce perfectionnement est encore loin d'être la conquête de l'homme. Toutefois on ne doit pas désespérer d'y arriver un jour. Qui oserait poser des limites à la science? L'esprit humain a déjà assez dérobé de secrets à la na-

1. Humboldt.

ture pour qu'il lui soit permis d'espérer encore lui en surprendre[1]. »

Cette juste appréciation des services que la météorologie est appelée à rendre, et de la nécessité des nombreuses observations qui peuvent seules lui donner une solide base, indique à la fois le but à atteindre et les moyens d'y parvenir. Mais tandis que pour la plupart des autres sciences les observations à recueillir sont presque toujours ou hors de notre portée, ou entourées de difficultés qui les renferment dans le cercle d'un petit nombre de savants, pour la météorologie au contraire chacun peut, en y mettant quelque persévérance, arriver à connaître les signes du temps d'une manière utile.

### Orphée, Homère, Hésiode, Virgile.

Dès l'origine, l'homme s'est trouvé soumis, soit directement, soit indirectement, à l'influence des météores. Exposé aux intempéries il dut non-seulement chercher à s'abriter dans une demeure solide, mais encore s'appliquer à prévoir les perturbations atmosphériques dont il pouvait avoir à souffrir.

Le rapport de ces perturbations et de la variabilité des saisons avec la production des fruits de la terre, était aussi d'ailleurs étroitement lié à son bien-être, et on s'explique facilement la reconnaissance des premières peuplades envers les hommes dont l'intelligence plus haute et plus active, plus patiente, plus éclairée, put saisir le lien de certains phénomènes avec l'apparition des signes précurseurs.

1. Charles d'Orbigny, *Dictionnaire universel d'histoire naturelle.*

Les premiers prêtres, les premiers législateurs furent aussi, dans l'antiquité, les premiers météorologistes. Nous trouvons les traces de leurs enseignements, mêlés aux plus étranges superstitions, dans les fragments primitifs attribués à Orphée, dans les poëmes d'Homère, d'Hésiode et de Virgile.

Deux hymnes d'Orphée appellent les brises favorables, les pluies bienfaisantes qui fécondent la terre :

**Les nuages.**

« Nuages aériens, voyageurs célestes, générateurs de tous les fruits, vous qui renfermez dans votre sein les trésors de la pluie, vous qui parcourez le monde poussés par le souffle des vents, nuages foudroyants, enflammés, retentissants, qui tour à tour répandez dans l'air un doux murmure ou qui faites entendre l'affreux sifflement des tempêtes, je vous supplie maintenant de verser sur la terre les pluies propices qui fécondent les fruits. »

**Les saisons.**

« Saisons, filles chéries de Jupiter et de Thémis, la plus féconde des déesses ; vous qui nous comblez de biens, saisons verdoyantes, fleuries, pures et délicieuses; saisons aux couleurs diaprées répandant une douce haleine ; saisons toujours changeantes, accueillez nos pieux sacrifices, apportez-nous le secours des vents favorables qui font mûrir les moissons. »

Homère, dans l'*Odyssée*, Hésiode, dans *les Travaux et les Jours*, indiquent les premières observations météorologiques des marins et des agriculteurs, les périodes de chaque saison qui doivent être préférées pour mener à bien les travaux de la terre, ou pour éviter les dangers de la navigation. Ces périodes correspondent au cours des astres, des principales constellations, Arcturus, les Pléiades, Orion, Sirius, qui tour à tour se lèvent ou disparaissent, marquant dans le ciel étoilé la marche des saisons. Ainsi les « humides Pléiades, » qui, vers l'automne, remontent sur notre horizon au commencement de la nuit, annoncent le retour des pluies. Arcturus, que ramène « le printemps aux blanches fleurs, » se lève en avril et préside aux premiers travaux de la saison nouvelle. Orion, Sirius éclairent le ciel orageux des longues nuits d'hiver, quand le froid dépouille les campagnes, et quand les tempêtes déchaînées retiennent le navigateur au port.

Virgile, qui a résumé dans les *Géorgiques* toute la science météorologique de son époque, recommande aussi les indications tirées du mouvement des astres : « Le laboureur doit observer le mouvement de l'Ourse, des Chevreaux et du Dragon lumineux, avec le même soin que le pilote habile, lorsque pour retourner dans sa patrie, à travers des mers orageuses, il doit affronter l'Hellespont ou le périlleux détroit d'Abydos. »

Mais à ces indications élémentaires sont jointes les indications plus importantes que présente l'observation des signes par lesquels « nous apprenons à lire dans un ciel douteux. » Le cours de la lune et du soleil, leurs diverses apparences, la forme et la couleur des nuages, l'apparition des météores, les mouvements instinctifs des animaux, sont en relation avec les variations du temps, que nous pouvons prévoir par une étude attentive du ciel et de l'atmosphère. Il est d'ailleurs évident, et Virgile l'avait bien compris, que cette étude demandait, pour porter tous ses fruits, une série de connaissances à peine entrevues par l'antiquité :

«... Que les Muses daignent m'admettre dans leurs chœurs sacrés ! qu'elles m'apprennent la route que parcourent les corps célestes ; quelle cause éclipse tantôt la lumière du soleil, et tantôt celle de la lune ; quel pouvoir secret enfle tout à coup les eaux de la mer, les pousse hors de leurs limites, et les ramène ensuite sur elles-mêmes ; pourquoi la terre s'agite sur ses fondements ; pourquoi le soleil semble se hâter, en hiver, d'éteindre ses feux dans l'Océan, et quel obstacle retarde, pendant l'été, l'arrivée de la nuit. »

Si l'observation inexacte des phénomènes naturels conduisit à des notions erronées ou superstitieuses sur la nature et la formation des météores, on ne peut mettre en doute que cette observation fût aussi la base des connaissances qui amenèrent le progrès de la météorologie, et qui, d'âge en âge, se répandant et se perfectionnant, détruisirent ou modifièrent les idées du passé pour leur substituer des idées plus rationnelles. Autant il est nécessaire, disait Cicéron, d'étendre et d'affermir la religion par la connaissance de la nature, autant il faut déraciner la superstition. »

Cette juste pensée, qui s'applique à toutes les découvertes, à toutes les conquêtes de la science, se rapporte surtout à la météorologie, dont les erreurs, mêlées à celles de l'astrologie et de l'alchimie, ont si longtemps voilé l'ordre providentiel, caché sous l'apparente confusion des phénomènes.

Un résumé de ces erreurs, inséparables des premières recherches qui nous conduisent à la vérité, pourrait offrir quelque intérêt, mais il nous mènerait trop loin, et nous préférons indiquer l'état actuel de la

*Météorognosie*, « qui cherche à déduire les phénomènes futurs de l'observation des phénomènes passés et présents. » Nous empruntons cette définition à l'excellent *Traité* de M. de Gasparin sur la météorologie agricole[1], qui va nous servir de guide et dont nous reproduirons quelques-uns des principaux passages, en les complétant par un exposé succinct des plus récentes observations.

### Pronostics météorologiques fournis par les animaux.

« Les corps animés reçoivent des impressions particulières qui précèdent et annoncent les changements de temps. Les animaux paraissent doués, à cet égard, d'un instinct que les observateurs ont mis à profit, et l'homme lui-même, dans l'état sain, éprouve des sensations qui lui permettent d'annoncer d'une manière presque certaine les faits météorologiques qui vont survenir.

« Ainsi, nous entendons mieux les sons lointains à l'approche de la pluie; nous apercevons alors plus distinctement les objets éloignés; les mauvaises odeurs se font sentir d'une manière plus incommode.

« Les hirondelles rasent la terre dans leur vol ; est-ce pour se nourrir des vers qui alors en sortent? Les lézards se cachent, les chats se fardent, les oiseaux lustrent leurs plumes, les mouches piquent plus fortement, les poules se grattent, se couvrent de poussière, les poissons sautent hors de l'eau, les oiseaux aquatiques battent des ailes et se baignent. Tels sont les résultats d'une espèce d'intuition populaire; ils n'ont

1. *Cours d'agriculture*, t. II.

pas été soumis à une critique sévère, mais ils se vérifient assez souvent pour qu'ils ne puissent paraître douteux. »

### Pronostics tirés des végétaux.

« Presque tous les signes qui ont été indiqués annoncent plutôt l'humidité de l'air que l'approche de la pluie, car ils manquent quand un orage survient par un temps sec. Ainsi, l'on range le gonflement des boiseries qui rend difficile la clôture des portes faites de bois tendre, le raccourcissement et la tension des cordes composées de fibres végétales, parmi les signes de cette humidité ; on a même construit avec ces fibres des hygromètres grossiers. On a remarqué aussi que la fleur de la pimprenelle s'ouvre, que les tiges de trèfle et les autres légumineuses se redressent quand l'air se charge d'humidité. Linné a observé que le souci d'Afrique ouvrait ses fleurs le matin entre 6 et 7 heures et les refermait à 4 heures du soir par un temps sec, mais que s'il devait tomber de la pluie il ne s'ouvrait pas le matin ; que lorsque le laitron de Sibérie ferme sa fleur pendant la nuit, on a du beau temps le lendemain ; que si au contraire elle reste ouverte, on doit s'attendre à la pluie. »

### Pronostics tirés de l'état du ciel.

« La pâleur du soleil annonce la pluie ; on ne le voit alors qu'à travers un air chargé de vapeurs ; s'il fait éprouver une chaleur étouffante, c'est aussi un signe de pluie ; on se trouve alors entouré d'une atmosphère saturée de vapeurs et plus propre à s'échauffer à cause de son défaut de transparence. Si les vapeurs sont groupées en nuages, le soleil qui passe à travers ces nuages élève la température plus qu'il ne l'aurait fait par un temps parfaitement clair. Si le soleil est clair et brillant, il présage une belle journée ; mais quand le ciel est rouge au levant avant son apparition, et quand cette rougeur disparaît au moment où il se montre, c'est encore un signe de pluie. On présume alors que l'air froid et chargé de vapeurs réfracte les rayons du soleil, pouvoir qu'il perd en s'échauffant par la raréfaction de ces mêmes vapeurs. Le soleil couchant, clair et sans nuage, dans un ciel orangé, est un signe de beau temps ; si le ciel est rouge, c'est un signe de vent.

« Quand le soleil, à l'horizon, paraît plus grand qu'à l'ordinaire, c'est un signe de pluie ; il en est de même de la lune. On juge aussi que la couleur pâle de celle-ci, que les cercles concentriques plus ou moins obscurs dont elle est entourée, que ses cornes mal terminées, que l'auréole lumineuse qui s'étend autour d'elle et qui fait dire que la *lune baigne*, sont autant de signes de pluie. Les étoiles présentent aussi des signes pareils : leur lumière perd de sa vivacité, et elles *baignent* aux approches de la pluie.

« Le ciel est d'autant plus bleu qu'il y a moins de vapeurs interposées entre lui et l'œil du spectateur. Sur les montagnes, il prend une couleur d'indigo foncé. Si l'air se charge de vapeurs, il perd de sa diaphanéité, et la teinte du ciel devient blanche, *farineuse*, comme on dit. Ce signe n'est pas équivoque. L'air cesse aussi d'être transparent par l'effet des vents qui agitent et transportent une telle quantité de poussière que le ciel en paraît quelquefois rougeâtre, à cause des reflets de la lumière sur ces corpuscules solides.

« La transparence de l'air n'est pourtant pas toujours altérée aux approches de la pluie; nous avons même déjà fait observer qu'un des signes qui l'annonçaient le plus sûrement, c'était une translucidité inaccoutumée qui faisait que les objets éloignés semblaient se rapprocher de nous dans ce moment. Ainsi, dans un cas, le défaut de transparence de l'air, et dans l'autre, l'excès de transparence, seraient tous deux des signes précurseurs de la pluie. Les faits s'accordent avec ces deux énoncés. Examinons-en les circonstances :

« 1° Si la masse de l'air tout entière est très-humide et a une température assez élevée pour que la vapeur se trouve parfaitement dissoute ; si l'on suppose en même temps que la chaleur soit répartie entre ses couches de manière qu'elles restent en équilibre, il n'y a plus de courant ascendant qui, en se refroidissant, diminue la transparence de l'air, et cependant toutes les circonstances qui peuvent changer la température, l'abaissement de la chaleur à mesure que le soleil décline, le rayonnement nocturne, l'arrivée d'un vent froid, amènent la chute de la pluie. Cet état d'équilibre des couches, joint à leur presque saturation de vapeur, se remarque surtout en été, et c'est alors que les objets éloignés paraissent être rapprochés.

« 2° Il arrive aussi que les nuages supérieurs forment au-dessus de nos têtes une espèce de dôme comme celui des panoramas, et qu'alors, nous trouvant dans une obscurité relative, les objets éclairés semblent être plus voisins. Nous nous rappelons avec plaisir le magnifique spectacle que nous présenta une semblable disposition sur le sommet du mont Ventoux. Tout l'horizon était clair, mais la montagne était surmontée d'une calotte de nuages noirs qui nous mettait dans l'obscurité. Alors nous pûmes contempler ce que nous n'avons plus revu dans d'autres ascensions, les Pyrénées orientales et les côtes de la Méditerranée jusqu'au point où elles tournent au sud pour regagner la Catalogne. Un moment après, un nuage s'étendit et une grande pluie tomba sur toute cette contrée, dont l'atmosphère était sans doute dans l'état d'équilibre que nous avons décrit plus haut.

« Les vents sont aussi des indices du temps qu'il doit faire, non-seulement d'après leurs qualités propres, mais aussi par l'étude des vents supérieurs dont on connaît la présence et la direction par la marche des nuages. Si le vent inférieur se renforce beaucoup et que les nuages marchent en sens contraire, ou dans des directions faisant un angle assez ouvert, on juge que le vent inférieur va céder la place au vent supérieur.

« Deux vents de qualités opposées qui se succèdent amènent souvent la pluie. Ainsi, un vent froid, arrivant dans une atmosphère imprégnée d'humidité par le vent chaud qui le précédait, déterminera une précipitation aqueuse; c'est ce que fait aussi le vent humide et chaud arrivant dans un air refroidi par le vent qui l'avait précédé.

« En général, on peut d'autant mieux prévoir une pluie prochaine que le ciel présente plusieurs étages superposés de nuages. Les vents entraînant des masses de nuages détachés les uns des autres ne versent que de petites pluies.

« Les nuages fixes, situés du côté où souffle le vent, n'amènent que la continuité du vent; ils annoncent sa fin s'ils apparaissent du côté opposé.

« Les nuages arrivant à la fois, et par des vents divers, annoncent un orage prochain.

« Les nuages s'accumulant sur les flancs des montagnes annoncent la pluie.

« Les brouillards qui se dissipent complétement sans former de nuages accompagnent le beau temps, puisqu'ils annoncent que l'air conserve la faculté de dissoudre la vapeur ; mais plusieurs jours de brouillards de suite conduisent presque certainement à la pluie. »

Nous ajouterons à ces pronostics quelques-uns de ceux recueillis par l'amiral Fitz-Roy, et cités dans son *Instruction sur l'usage du baromètre :*

« Voici les signes les plus connus des marins et des cultivateurs :

« Ciel rose au coucher du soleil, beau temps. — Ciel rouge le matin, mauvais temps ou beaucoup de vent. — Ciel gris le matin, beau temps. — Si les premières lueurs du jour paraissent au-dessus d'une couche de nuages, vent. — Si elles paraissent à l'horizon, beau temps.

« De légers nuages à contours indécis annoncent du beau temps et des brises modérées. — Des nuages épais à contours bien définis, du vent. — Un ciel bleu foncé sombre indique du vent. — Un ciel bleu, clair et brillant, indique du beau temps. — Plus les nuages paraissent légers, moins on doit attendre de vent. — Plus ils sont épais, roulés, tourmentés, déchiquetés, plus le vent sera fort. — Un ciel jaune brillant au coucher du soleil annonce du vent ; — jaune pâle, de la pluie. — Suivant que les teintes rouges, jaunes ou grises prédominent, on peut prévoir le temps avec une très-grande approximation.

« De petits nuages couleur d'encre annoncent la pluie. — Des nuages légers courant rapidement en sens inverse de masses épaisses annoncent du vent et de la pluie.

« Des nuages élevés passant devant le soleil, la lune ou les étoiles, dans une direction opposée à celle des couches de nuages inférieurs ou du vent qu'on ressent à terre, indiquent un changement de vent.

« Après un beau temps, les premiers signes d'un changement sont ordinairement des nuages blancs élevés, en bandes ou en touffes légères, pommelées, qui augmentent et forment bientôt des masses épaisses et sombres. Généralement, plus ces nuages paraissent éloignés et élevés, plus le changement de temps sera lent, mais plus il sera considérable.

« Des teintes douces, légères, délicates, avec des nuages à forme arrêtée, indiquent ou accompagnent le beau temps. — Des teintes extraordinaires, avec des nuages épais, aux contours durs, indiquent la pluie et probablement un coup de vent.

« Observez les nuages qui se forment sur les hauteurs ou s'y accrochent : s'ils s'y maintiennent, s'accroissent ou descendent, c'est signe de pluie. — S'ils montent et se dispersent, c'est signe de beau temps.

« Quand les oiseaux de mer prennent leur vol, le matin vers le large, on aura du beau temps et des brises modérées. — S'ils restent près de terre, s'ils se dirigent vers l'intérieur, c'est signe de coups de vent et de tempête. Beaucoup d'autres animaux sont sensibles aux variations atmosphériques ; il ne faut pas négliger ces indications.

« Ainsi, quand les oiseaux qui volent habituellement en bandes, les hirondelles se tiennent près des habitations, volant de côté et d'autre, rasant la terre, c'est signe de vent ou de pluie. Quand les animaux recherchent les endroits abrités, quand les cheminées fument, ou qu'en calme la fumée ne monte pas verticalement, c'est signe de mauvais temps.

« Quand le temps est remarquablement clair à l'horizon, que des objets ordinairement invisibles se distinguent ou s'élèvent par la réfraction, on aura de la pluie, peut-être du vent.

« Un éclat extraordinaire des étoiles, le peu de netteté ou la multiplication apparente des cornes de la lune, les halos, des fragments d'arc-en-ciel sur des nuages détachés, indiquent que le vent augmentera ou que l'on aura de la pluie. »

M. Marié-Davy, dans ses *Instructions sur l'usage du baromètre* pour la prévision du temps[1], a donné le résultat d'un examen comparatif des cartes météorologiques de l'Observatoire, examen qui résume les connaissances acquises jusqu'à ce jour, au moyen de ces cartes, sur les mouvements de l'atmosphère à la surface de l'Europe. Ces instructions contiennent de très-intéressants détails sur la marche et le mouvement des tourbillons qui se produisent dans le grand courant aérien dont la direction générale exerce une influence prépondérante sur l'état météorologique de nos régions. Les marins, auxquels le travail de M. Marié-Davy est plus particulièrement destiné, y trouveront les plus utiles indications.

D'autres observations ont encore été recommandées par la Conférence internationale tenue à Bruxelles en 1853, sur l'invitation du gouvernement des États-Unis d'Amérique, à l'effet de s'entendre sur un système uni-

1. *Bulletin de l'Observatoire impérial*, n° du 8 septembre 1864 et suivants.

forme d'observations météorologiques à la mer. Ainsi les orages et les tourbillons qui se produisent dans le voisinage des grands courants océaniques, la dérive des glaces flottantes, la rencontre au large des oiseaux de terre et des insectes, les pluies de poussière, les taches rouges ou blanches qui se remarquent souvent à la surface de la mer, le nombre et la direction des étoiles filantes, les aurores boréales, peuvent donner d'utiles indications sur la marche et la formation des phénomènes météoriques, qu'on ne pourra prévoir, avec un certain degré d'exactitude, qu'en s'attachant d'abord à recueillir et à coordonner les observations de toute nature relatives aux circonstances dans lesquelles ils se produisent.

### Caractère des saisons et des années futures.

On a cherché aussi à prévoir le caractère des saisons et des années futures. Mais l'insuffisance des données sur lesquelles les pronostics étaient basés, a jusqu'à présent rendu ces tentatives à peu près vaines.

Toutefois, M. de Gasparin rapporte qu'en 1829, M. Hubert-Burnaud, d'Yverdon, annonça un hiver rigoureux pour 1830, et le fait vérifia le pronostic : « Ce n'était pas une prophétie, dit M. Hubert, mais un calcul très-simple. Les vents du sud et sud-ouest ayant régné pendant six mois, je devais supposer que les vents du nord auraient leur tour. En second lieu, le soleil ayant été caché presque continuellement pendant les mois de juillet à octobre, il était naturel de penser que la terre serait refroidie à sa surface plus qu'elle ne l'est ordinairement. Cette circonstance, jointe à la présence des vents du nord, devait rendre l'hiver très-froid. Enfin l'automne ayant été extraordinairement pluvieux, l'hiver, selon toutes les apparences, devait être sec. Lorsque toutes ces circonstances ne sont que partielles, on n'en peut rien conclure ; mais leur généralité dans toute l'Europe devait produire des effets simples, parce qu'à d'immenses distances, il n'y avait aucune cause perturbatrice. »

Ajoutons que, dans son important Mémoire sur la périodicité des grands hivers[1], un de nos savants météorologistes, M. Renou, a su grouper l'ensemble de toutes les observations enregistrées depuis l'année 1400, et en tirer de remarquables résultats sur le retour périodique des hivers rigoureux : « On aura bientôt l'occasion, disait M. Renou, de vérifier si la périodicité que j'ai annoncée pour les grands hivers existe réellement, l'hiver le plus rigoureux devant arriver vers 1861, et ne pouvant, selon mon opinion, éprouver un retard de plus de deux ans, comme cela a eu lieu en 1709. Tout retard, je le pense aussi, serait racheté par une intensité exceptionnelle de l'hiver. »

L'hiver de 1860 et celui de 1863-64, qui a couvert de neige et de glace les régions du Midi et a sévi jusqu'en Égypte, sont venus confirmer en partie les calculs de M. Renou. Il est donc permis d'espérer que la prévision du caractère météorologique de certaines années ou de certaines périodes, basée sur des observations plus nombreuses et plus exactes, pourra un jour conduire à d'importants résultats, surtout en ce qui concerne l'agriculture, source première de nos richesses et de notre bien-être.

1. *Annuaire de la Société météorologique de France*, mai 1861.

### Étoiles filantes. — Influence de la lune.

Nous devons encore mentionner ici les recherches de M. Coulvier-Gravier sur les étoiles filantes[1], dont l'apparence et la direction permettraient d'annoncer les variations du temps. Nous avons indiqué déjà l'importance de ces recherches, qui nous aideront à mieux connaître les limites et la constitution de l'atmosphère, première base d'une connaissance plus exacte des météores et des lois qui président à leur formation.

L'influence de la lune sur les phénomènes atmosphériques, sur le temps et sur les saisons, admise depuis l'antiquité par les navigateurs et qui prend une si large place dans les anciennes maximes agricoles, a été longtemps niée par la plupart des savants, ou regardée comme trop faible pour produire des effets appréciables. Il est cependant hors de doute que l'action attractive de la lune et du soleil, qui produit les marées de l'Océan, produit aussi des marées atmosphériques, et il est infiniment probable que ces marées, surtout aux époques où elles sont les plus fortes, peuvent déterminer des changements dans l'état du temps.

Des expériences faites avec le plus grand soin au moyen du baromètre, ont indiqué l'ensemble du mouvement imprimé à l'atmosphère par les phases lunaires. L'influence générale de ces phases sur les pluies et sur la direction du vent est maintenant reconnue ; mais il n'est pas facile de la dégager, pour chaque lieu, des causes secondaires qui tendent à la dissimuler, et l'on ne pourrait y arriver qu'en multipliant les observa-

1. *Recherches sur les météores et sur les lois qui les régissent.* Paris, 1863.

tions, jusqu'à présent très-incomplètes, qui ont pour but d'établir la probabilité de variations périodiques du temps, correspondantes aux diverses phases de la lune.

M. Arago, dans une dissertation[1] relative à l'influence de ces phases sur les phénomènes atmosphériques et sur le règne végétal, a établi les faits incontestables qui, en détruisant des erreurs accréditées, prouvent cependant que les notions vulgaires ne sont pas toutes dépourvues de vérité. Basées sur des observations réelles, elles peuvent rendre de bons services, si elles ne deviennent pas plus nuisibles qu'utiles par la trop grande valeur qu'on leur accorde. M. de Gasparin dit très-bien à ce sujet : « Il y a des préjugés scientifiques comme il y a des préjugés populaires, mais dans aucun siècle les savants n'ont été plus disposés à renoncer aux leurs, à les soumettre de bonne foi au creuset de l'expérience et de l'observation, et le peuple lui-même ne tient plus avec la même ténacité à ses idées superstitieuses et se rend plus aisément à la voix de la raison. »

1. *Annuaire du Bureau des longitudes*, 1832, 1833. (Voir aussi dans les *Annales hydrographiques*, 1er trimestre 1864, la *Note sur la météorologie* de l'amiral Fitz-Roy.)

# XII

## MÉTÉOROLOGIE PRATIQUE.

Conférence de Bruxelles. — Service météorologique. — Instruments d'observations. — Météorologie télégraphique. — Ouragan du 2 décembre. — Signaux d'alarme. — Météorologie agricole. — Association pour l'avancement de la météorologie.

### Conférence de Bruxelles.

L'amiral Fitz-Roy a réuni, dans un excellent ouvrage [1], les notions les plus usuelles de météorologie, et fait connaître les combinaisons récemment adoptées dans les principaux observatoires de l'Europe et des États-Unis pour arriver à donner, soit journellement, soit à l'approche des tempêtes, des prévisions rationnelles du temps. Nous avons résumé, avec d'assez grands détails [2], ce qui a été fait jusqu'ici pour atteindre cet important résultat, et nous avons montré, par une énumération des services déjà rendus, tout ce qu'on

1. *Le Livre du temps*, Manuel de météorologie pratique, par l'amiral Fitz-Roy. Londres, 1863, seconde édition.
2. *Les Tempêtes*. Un vol. in-18. Collection Hetzel.

pouvait encore espérer, dans un avenir prochain. En revenant succinctement ici sur le même sujet, nous sommes heureux de pouvoir constater les rapides progrès réalisés depuis l'organisation du service météorologique à l'Observatoire impérial, progrès qui ne peuvent laisser aucun doute sur le rang que la météorologie est appelée à prendre parmi les sciences les plus utiles, les plus propres à seconder l'homme dans ses travaux, en lui donnant une plus juste idée de l'ordre universel.

C'est à un savant officier de la marine des États-Unis, le commandant Maury, qu'on doit la première idée de la grande association qui doit unir les nations les plus avancées dans un même système d'observations météorologiques, et qui embrasserait le globe entier, ou du moins toutes les régions dans lesquelles peuvent aujourd'hui pénétrer les lumières de la science et de la civilisation.

Une conférence, où étaient représentés les principaux États européens, se réunit à Bruxelles en 1853, sous la présidence de M. Quetelet, directeur de l'Observatoire royal à Bruxelles, afin de s'entendre, comme nous l'avons déjà dit, sur l'adoption d'un plan uniforme d'observations à la mer. Maury, directeur de l'Observatoire national à Washington, y représentait son gouvernement. Nous citerons l'extrait suivant d'un discours dans lequel il exposait à l'assemblée l'objet de sa mission.

« La proposition à la suite de laquelle le gouvernement américain a cru devoir provoquer la présente réunion, émane du gouvernement anglais ; elle consiste dans la communication d'un projet dressé par le capitaine Henri James, du corps royal du génie, par ordre du général sir John Burgoyne, inspecteur général des fortifications, et auquel le gouvernement des États-Unis fut invité à prendre part.

« Dix-neuf stations ont été établies par l'Angleterre, d'après un système uniforme, et les observations ont été mises sous la direction immédiate de l'officier du génie commandant dans chacune de ces stations.

« Le gouvernement américain accueillit la proposition du gouvernement anglais, et, sous condition d'étendre le plan d'observations à la mer et de le rendre universel, il promit sa coopération. Je fus alors chargé de me mettre en rapport avec les armateurs et les capitaines de la marine militaire et marchande, pour l'exécution du plan.

« C'est à l'aide de renseignements puisés dans plus de mille journaux, que j'ai été mis à même de dresser les cartes des routes, des vents et des courants qui ont été publiées jusqu'à ce jour.

« Pour donner plus d'extension encore aux observations nautiques, le gouvernement des États-Unis a décidé qu'un appel serait fait à toutes les nations maritimes, pour les engager à adopter un modèle uniforme de journal de bord.

« Le but de notre réunion est donc de nous mettre d'accord sur un mode uniforme d'observations nautiques et météorologiques qui seraient faites à la mer. Déjà je dois à l'obligeance d'un des membres présents, M. Jansen, lieutenant de la marine des Pays-Bas, la communication d'un extrait de journal tenu à bord d'un navire de guerre néerlandais, et qu'on peut citer comme un exemple de ce qu'on peut attendre d'observateurs soigneux et habiles. Pour régulariser l'émission des cartes que le gouvernement américain offre gratuitement aux capitaines, je dois exprimer le vœu que, dans chaque pays, une personne soit désignée par le gouvernement pour recueillir et réunir les extraits de journaux dont j'ai eu l'honneur de vous entretenir. C'est par son intermédiaire que les cartes parviendront aux intéressés. »

Nous n'avons pas ici à énumérer, comme nous l'avons fait dans un livre plus spécial[1], les différentes résolutions prises par la conférence. Mais nous croyons juste de rappeler quel a été le point de départ des recherches qui, depuis, se sont si largement étendues, et qui ont été, pour la météorologie, la source d'un important progrès, en même temps qu'elles développaient les heureuses tendances de la chrétienté vers l'association, c'est-à-dire vers la concorde.

Le bureau météorologique d'Utrecht, placé sous la direction d'un savant professeur, M. Buys Ballot, et institué pour centraliser les observations faites par la marine hollandaise, fut, en Europe, le premier établissement coopérant à l'œuvre de Maury. Le lieutenant Jansen, officier distingué, qui, dès l'origine, s'était attaché avec le zèle le plus intelligent au nouveau système de recherches poursuivi sur l'Océan, faisait partie de ce bureau.

La Belgique, la Suède, la Norvége et le Danemark, le Portugal, l'Espagne, la ville libre de Hambourg et la république de Brême suivirent bientôt l'exemple donné par la Hollande. Le gouvernement britannique fut aussi un des premiers qui établit un bureau chargé de coordonner et de discuter les observations recueil-

1. *Les Phénomènes de la mer et de l'atmosphère* (*Bibliothèque utile*). 2e édition. Librairie Pagnerre.

lies par les navires anglais sur toutes les mers du globe, d'après le plan recommandé par la conférence de Bruxelles. La plupart des grandes puissances avaient aussi accepté ce plan, exprimé leur intention de le mettre en œuvre au moyen de leurs bâtiments, « transformés, disait Maury, en autant d'observatoires flottants, à bord desquels on travaille en commun à l'avancement de la science et au bien de l'humanité. »

### Service météorologique.

Mais il était facile de prévoir que l'Océan ne pouvait être seul l'objet d'une étude systématique, et dès lors Maury demandait la réunion d'une seconde conférence, ayant pour but de proposer un plan d'observations terrestres, « de manière que la météorologie pût enfin marcher dans une voie vraiment universelle. »

Il est évident que dans cette voie seule on peut espérer découvrir les grandes lois qui régissent les mouvements de l'atmosphère, lois à peine entrevues aujourd'hui, et dont la connaissance donnerait la plus solide base aux études météorologiques.

La nature des recherches nécessaires pour atteindre ce résultat ne demande pas seulement la plus grande extension des observations, il faut encore que les observateurs puissent correspondre avec une rapidité qui permette d'annoncer l'apparition des phénomènes, d'en suivre la marche, et l'emploi du télégraphe électrique est venu donner à la météorologie ce puissant moyen d'investigation.

C'est autour des grands lacs de l'Amérique du

Nord, où les sinistres sont si fréquents, que ce système de communication a été d'abord mis en usage pour signaler l'approche des tempêtes. Adopté depuis par les principaux États de l'Europe, il a déjà rendu les plus grands services aux navigateurs, et doit aussi aider à diminuer les pertes que des mauvais temps inattendus font si souvent subir à l'agriculture.

Rapidement organisé en Angleterre, grâce au zèle et au dévouement de l'amiral Fitz-Roy, le système d'avertissements télégraphiques a été aussi inauguré en France par les soins d'un savant illustre, M. Le Verrier, directeur de l'Observatoire impérial. Le ministère de la marine a décrété de son côté l'établissement d'un service météorologique des ports, combiné avec le service semblable de l'Angleterre; et la récente construction, sur toute l'étendue de nos côtes, de sémaphores reliés au grand réseau des télégraphes électriques, permet de transmettre les avertissements à tous les points menacés, et même aux bâtiments qui passent en vue du littoral. On comprend que la généralisation d'un tel service est aussi avantageuse aux intérêts de la navigation qu'aux progrès de la science, et nous le verrons plus clairement encore en entrant dans quelques détails sur l'organisation des observatoires météorologiques.

### Instruments d'observations.

Parmi les instruments de physique qui servent à la détermination des variations atmosphériques, le baromètre est un de ceux qui sont le plus ordinairement consultés. Tous les marins ont pu constater l'utilité des indications qu'il donne habituellement avant la pluie et les coups de vent. Mais ces indications relatives à la pesanteur de la colonne d'air qui fait osciller la colonne de mercure, ne nous apprennent pas dans quel cas cette pesanteur augmente ou diminue, et pour arriver à une prévision plus exacte des phénomènes, il est nécessaire de connaître, par les indications du thermomètre et de l'hygromètre, les causes diverses qui peuvent influer sur la pesanteur des couches atmosphériques. Ainsi, par exemple, les variations de ces deux instruments, surtout pendant l'hiver, peuvent indiquer, en l'absence des signes du baromètre, l'approche des vents du nord, froids et secs, ou des vents du sud, chauds et humides, dont la prédominance détermine le caractère du temps. Si ces deux vents généraux diffèrent, comme le pense l'amiral Fitz-Roy, et comme nous serions portés à l'admettre, par leur état électrique, les indications d'un curieux instrument, le *verre de tempête* (*storm-glass*), ne doivent pas être négligées, cet état ayant sans doute une grande influence sur les

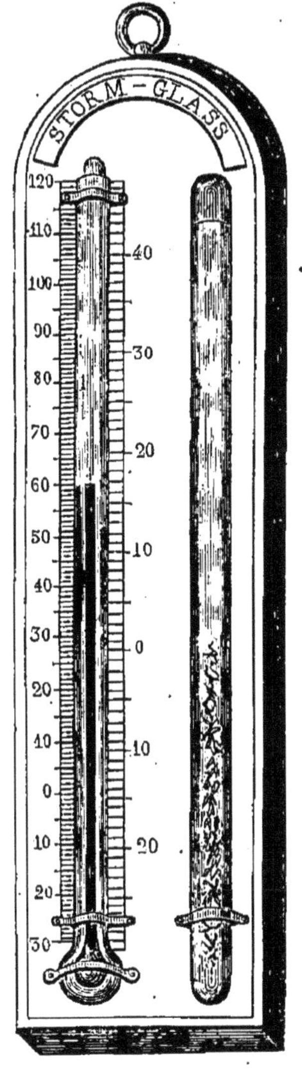

phénomènes atmosphériques qui peuvent modifier la pression des couches d'air.

Le *verre de tempête*[1], dont on se servait en Angleterre il y a plus d'un siècle, et qui a été retrouvé par l'amiral Fitz-Roy, se compose d'un tube en verre, hermétiquement fermé, contenant un mélange chimique dont l'aspect varie suivant la direction du vent, et non suivant sa force, c'est-à-dire, dit l'amiral, « suivant le caractère spécial, et, très-probablement, suivant la tension électrique du courant aérien. »

Nous avons pu suivre la marche d'un de ces instruments durant plusieurs mois, et nous l'avons vu souvent indiquer les violentes tempêtes du Nord ou les pluies abondantes qui accompagnent les grandes brises du Sud.

D'autres instruments sont encore employés dans les observatoires : le psychomètre, ou thermomètre à boule humide, indique la quantité de vapeur contenue dans l'atmosphère, — la quantité d'eau tombée est donnée par le pluviomètre, — la force du vent est exprimée par la pression qu'il exerce sur la surface d'un plan disposé à cet effet, — l'électricité de l'air s'observe à l'aide d'un électromètre, — on détermine la quantité d'ozone ou oxygène électrisé contenue dans l'atmosphère, en exposant à l'air et comparant des papiers préparés, dont cette substance modifie la teinte, — enfin des instruments spéciaux sont destinés à indiquer les variations de l'état magnétique de la terre.

1. *Magasin pittoresque*, avril 1864.

### Météorologie télégraphique.

Il est évident que l'état atmosphérique d'une région est soumis aux influences des régions environnantes, et même, dans certaines circonstances, de régions fort éloignées. Un observatoire qui recevrait chaque jour de tous les principaux points d'une vaste étendue comme celle qui embrasse l'Europe et les rives de la Méditerranée, des télégrammes indiquant l'état du temps pour chacun de ces points, pourrait donc non-seulement prévoir les variations atmosphériques pour le lieu même où il est situé, mais encore pour chacun des lieux avec lesquels il se trouve en correspondance. Or, telle est aujourd'hui la position des observatoires les plus importants de l'Europe, et principalement de l'Observatoire de Paris, justement indiqué par l'amiral Fitz-Roy comme « un grand centre d'alliance télégraphique. »

Cet observatoire publie chaque jour un bulletin contenant les données qu'on y recueille, ainsi que celles qui lui sont fournies par un très-grand nombre de correspondants, dispersés sur toute la surface de l'Europe. Ces données comprennent, pour chaque station, la pression barométrique, la température, la direction et la force des vents inférieurs, l'état du ciel, l'état de la mer sur les côtes.

Sur la carte météorologique sont tracées des courbes correspondantes aux pressions barométriques échelonnées de cinq en cinq millimètres. La pression de l'atmosphère sur l'Europe éprouve de fréquentes variations, et c'est dans le rapprochement ou l'éloignement de ces courbes, ainsi que dans leurs inflexions, qu'on peut trouver les principaux éléments de la prévision rationnelle du temps.

### Ouragan du 2 décembre.

Cette utile application de la météorologie télégraphique était à peine réalisée, lorsqu'un terrible ouragan est venu démontrer son efficacité. Cet ouragan, analogue aux cyclones des régions tropicales, a traversé la France du 2 au 4 décembre 1863. Son influence était sentie dès le 28 novembre, époque à laquelle il se trouvait sur l'Océan, à la hauteur du midi de l'Espagne. Le 27 et le 28 novembre le *Bulletin* annonçait déjà la situation atmosphérique comme très-douteuse. Jusqu'au 1er décembre, le tourbillon remontait vers le nord, et était alors signalé dans le nord-ouest de l'Angleterre. « La baisse rapide qu'on constate ce matin sur l'Irlande, disait M. Marié-Davy, directeur du service météorologique, la position des courbes d'égale pression barométrique et l'orientation des vents qui ont pris de la force du sud au sud-ouest, montrent que le phénomène s'incline vers l'est pour aborder les côtes d'Europe, vers le nord de l'Angleterre. La tempête, qui s'étendra probablement à toute la France, paraît devoir être assez forte. » Effectivement, le 2 au matin, on voyait la pression baisser avec une extrême rapidité sur l'Angleterre et la France. Le tourbillon était descendu sur l'Angleterre et avait son centre près de Liverpool.

Dès le 30, les ports depuis Dunkerque jusqu'à Nantes avaient été prévenus par le télégraphe qu'un coup de vent menaçait. Le 1er, à midi, tous les ports de l'Océan furent avertis qu'une tempête, arrivant du sud-ouest, fondait sur l'Angleterre et la France. Les dépêches expédiées le 2 donneront une idée de l'activité que déploie le service météorologique dans les circonstances périlleuses :

« A huit heures du matin, la tempête a effectivement envahi le nord et une partie de l'ouest de la France. Paris, Bordeaux ont un vent impétueux. Mais à Lyon, Limoges, Bayonne, le vent est encore faible.

« A midi, tous les ports de la Méditerranée sont de nouveau informés qu'ils sont fortement menacés. Madrid reçoit la même dépêche à l'égard des ports du golfe de Lion. Turin la reçoit aussi pour les côtes nord de l'Italie et jusqu'à Livourne. On la renouvelle, à une heure cinquante minutes, pour les côtes de Civita-Vecchia à Palerme. »

Les télégrammes de l'amiral Fitz-Roy avaient aussi prévenu d'avance nos ports de l'Océan. Ils annonçaient que les côtes d'Angleterre étaient couvertes de signaux d'avertissement.

L'Observatoire de Paris est resté quelque temps sans savoir si ses dernières dépêches étaient parvenues à leur destination. Sur plusieurs lignes, la tempête avait renversé les poteaux des télégraphes et brisé les fils. Mais la communication resta ouverte pendant un temps suffisant à la transmission du télégramme le plus important. « J'ai reçu dans la journée du 2, écrivait à M. Le Verrier le président de la chambre de commerce de Toulon, les deux dépêches annonçant qu'une tempête allait envahir la France. Elles ont été publiées et affichées sur l'heure, et les navires du commerce présents sur la rade ont pu prendre et ont pris immédiatement les mesures nécessaires pour parer à toute éventualité. La préfecture maritime, de son côté, ordonnait à tous les officiers à terre de regagner leur bord. — La tempête s'est déchaînée vers trois heures et demie de l'après-midi. Le premier télégramme du 2, confirmant celui de la veille, avait donc gagné quatre heures d'avance sur la tempête, et tout était prêt pour y faire face. Il n'y a eu, grâce aux précautions prises, aucune avarie, aucun sinistre à déplorer. »

Les télégrammes expédiés à Turin furent immédiatement communiqués aux ports de la côte occidentale d'Italie. La note suivante était publiée, le 3, dans le *Journal de Gênes :*

« La prédiction de l'Observatoire de Paris s'est complétement réalisée ; les premiers signes de l'ouragan se sont fait sentir hier, vers sept heures et demie du soir. Dans la nuit il s'est déchaîné furieux ; il ne paraît pas toutefois que des sinistres aient eu lieu dans nos parages. Le commandant du port s'était hâté de prendre les mesures opportunes, et nous n'avons eu qu'à nous en louer. »

Aussitôt que les principaux ports de la Manche et de l'Océan eurent reçu les télégrammes d'avertissement, ils les communiquèrent à tout le littoral au moyen des électro-sémaphores qui y ont été récemment établis. Le nombre des sinistres fut cependant assez grand dans ces parages pour qu'on ait pu s'en étonner. Relativement à la direction du vent, qui battait généralement en côte, les précautions étaient plus difficiles à prendre, et, d'un autre côté, on a dû en négliger.

Les meilleures idées entrent lentement dans les esprits ; il y a malheureusement encore beaucoup de marins qui ne prennent pas assez au sérieux les prévisions ainsi signalées. Il a fallu pendant assez longtemps, en Angleterre, des instructeurs spéciaux, pour donner aux marins et aux pêcheurs des notions plus justes à ce sujet.

La tempête éclata, sur nos côtes nord, avec une soudaineté et une violence extrêmes. A Cherbourg, par exemple, il y avait le matin très-peu de vent et de mer; des embarcations légères pouvaient circuler dans la rade. Le baromètre, cependant, se montrait d'accord avec les prévisions pour annoncer le mauvais temps. A huit heures, il était descendu à 737 millimètres. A dix heures, l'ouragan arriva comme un coup de foudre. Des parties d'édifice furent renversées, des toitures enlevées. Sur la rade, la mer était soulevée en tourbillons et formait un épais rideau de brume. D'énormes vagues passaient par-dessus la digue.

Une chaloupe de la frégate cuirassée *la Couronne* était partie pour secourir un bâtiment de commerce qui était près de sombrer. Après y être parvenue, elle le remorquait vers le mouillage, quand la tempête se déchaîna. Un petit bateau à vapeur du port lui vint en aide pendant quelque temps, mais il fut obligé de quitter la remorque pour ne pas sombrer lui-même. La marée descendait, et tandis que le navire allait s'échouer sur une plage moins dangereuse, la chaloupe était entraînée au large. On la perdit de vue, et le soir on recueillit près du cap Lévi deux matelots couverts de blessures, évanouis, qui n'avaient qu'un souvenir confus de la catastrophe. Ils étaient les seuls survivants de l'armement de cette embarcation, commandée par un vaillant officier, M. de Besplas, et montée par des hommes intrépides, qui, conduits par un digne chef, n'avaient pas hésité à faire le sacrifice de leur vie pour accomplir un acte de dévouement et d'humanité.

Les rapports de Londres affirmaient que depuis 1823 on n'avait pas vu une tempête aussi formidable. Partout elle présentait le même caractère qu'à Cherbourg, sauf des variations dans la direction du vent et dans les phénomènes secondaires. A Strasbourg, c'est le 3, vers quatre heures du soir, que de gros nuages, accompagnés d'éclairs et de coups de tonnerre, couvrirent le ciel en un instant. Aussitôt la pluie, la neige et la grêle, chassées par un vent furieux, inondèrent les rues et les places. Dans le Midi, au contraire, le vent du nord, sec et froid, souffla d'abord en tempête sous un ciel clair.

L'Observatoire s'est proposé une étude d'ensemble sur cet ouragan, d'après les indications précises qui peuvent être demandées à toutes les stations placées sur son parcours. Cette étude, dont la première partie a été publiée dans le *Bulletin* du 31 mars 1864, sera sans doute très-féconde pour la science météorologique, comme l'ont été les travaux analogues de l'amiral Fitz-Roy, après la grande tempête d'octobre 1859.

La théorie des cyclones, fondée par les Redfield, les Reid, les Piddington, comprend les lois générales de leur rotation et de leur translation ; elle a fourni des règles pratiques pour la conduite des navires, mais elle présente encore différentes lacunes que les études nouvelles auxquelles la télégraphie électrique sert d'auxiliaire, contribueront puissamment à combler. Le point de vue auquel se place l'Observatoire nous paraît d'ailleurs excellent, et nous souhaitons vivement que l'extension du service météorologique permette bientôt d'étendre les recherches sur la plus large base[1]. « Si nos cartes, disait M. Marié-Davy dans une Note présentée à l'Académie des sciences, peuvent nous faire pressentir une tempête et nous permettent de la suivre dans sa course à travers l'Europe, elles ne nous indiquent rien ou presque rien sur leur lieu d'origine et sur leur mode de formation, et cependant c'est là un des éléments essentiels non-seulement de la science, mais de ses applications. Nous attachons la plus grande impor tance à la construction de cartes journalières, s'étendant à tout l'hémisphère nord, fallût-il une année pour réunir les éléments de chacune d'elles. Au milieu de l'incessante mobilité des phénomènes atmosphériques, il est très-certainement de grandes lois générales qu'il importe d'en dégager et qu'on peut aller rechercher dans les années antérieures. »

### Signaux d'alarme.

Les signaux d'alarme employés en Angleterre pour annoncer l'approche des tempêtes se composent, pour le jour, de trois figures préparées avec de la forte toile, qui sont hissées au mât des sémaphores et peuvent s'apercevoir de très-loin.

Un cône, dont la pointe est tournée vers le ciel, annonce qu'une tempête venant du Nord est probable.

1. V. sur les progrès obtenus depuis la publication de cette note l'intéressant ouvrage de M. Marié-Davy : *les Mouvements de l'atmosphère et des mers, considérés au point de vue de la prévision du temps.* Paris, 1866.

Placé la pointe en bas, le cône indique l'approche d'une tempête du Sud.

Un cylindre est le signe d'un ouragan, ou tempête tournante.

Si le cône est placé, la pointe en haut, au-dessus du cylindre, l'ouragan qui menace vient du Nord.

Si le cône est, au contraire, sous le cylindre, la pointe tournée vers la terre, l'ouragan vient du Sud.

Pendant la nuit, des lanternes disposées, comme on peut le voir dans la figure, de manière à représenter les cônes ou le cylindre, remplacent les signaux de jour.

Ces signaux, très-simples et d'un usage facile, seront sans doute généralement adoptés partout où l'organisation du service météorologique permettra de prévoir l'approche des tourmentes.

Sur les côtes du royaume d'Italie, les marins sont prévenus qu'un ouragan les menace par un pavillon rouge arboré sur les tours et les phares des principales localités situées depuis Gênes jusqu'à Palerme et dans l'Adriatique. Ce signal n'est employé que lorsqu'on peut conclure, d'après le *Bulletin météorologique* envoyé par le directeur de l'Observatoire de Paris, qu'une tempête s'approche. Le télégramme qui l'annonce est en outre affiché dans tous les ports et transmis aux chambres de commerce.

Sur les points les plus dangereux du littoral de l'Angleterre, où les bateaux pêcheurs et les petits bâtiments qui font le service de la côte sont exposés à des coups de vent redoutables, même pendant la belle saison, des baromètres, installés par les soins du Bureau météorologique, aident à prévoir le mauvais temps. Nos ports de l'Océan ont reçu du ministère de la marine des instruments destinés aux mêmes prévisions; et la

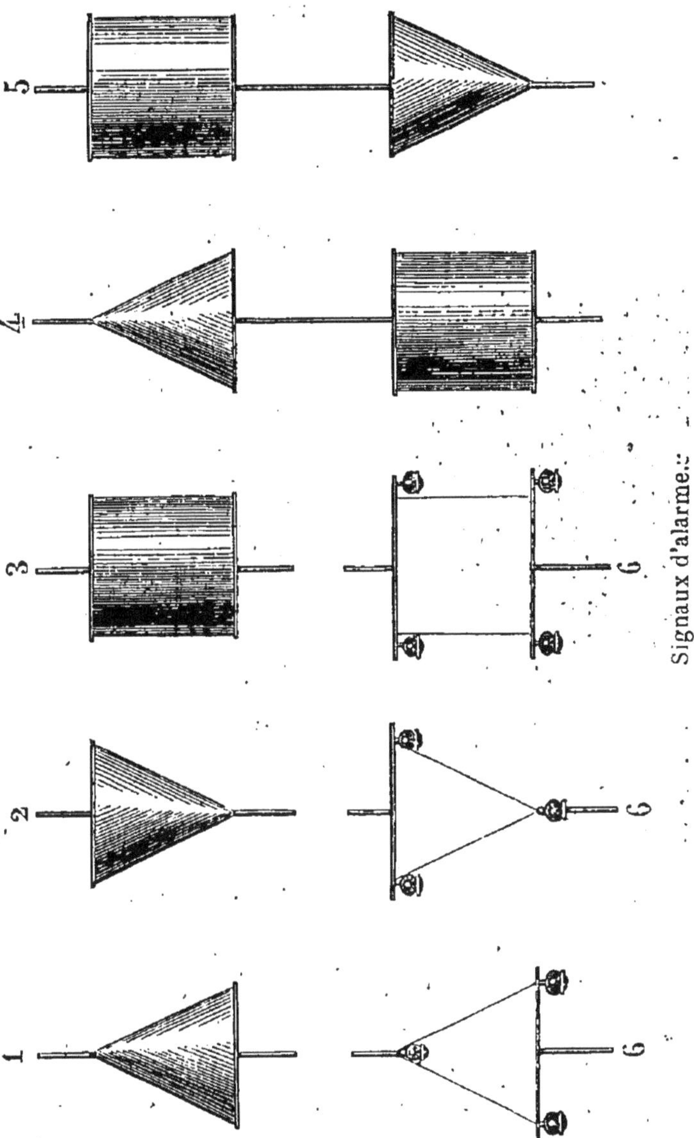


Signaux d'alarme.

récente adoption, par la France et l'Angleterre, d'un

code de signaux offrant à toutes les nations un moyen uniforme de communiquer sur mer, permettra aux navires munis du matériel nécessaire, dont le prix est fort modique, de se mettre en rapport avec les sémaphores et d'en recevoir les derniers avertissements météorologiques.

### Météorologie agricole.

M. Le Verrier, dans sa réponse à M. le ministre de l'instruction publique au sujet des observations qu'il serait possible d'organiser en France pour obtenir des données profitables à l'agriculture, disait très-bien : « L'accueil fait par nos populations maritimes aux avertissements qui leur sont fournis par l'Observatoire fait prévoir que, dans un temps prochain, nos agriculteurs réclameront de la sollicitude du gouvernement des avis semblables pour eux-mêmes.

« Votre Excellence se rappellera sans doute que ce sont même les instantes demandes faites par la Prusse, au nom d'une société d'agriculteurs du Mecklembourg, qui ont donné lieu à nos premières dépêches en prévision du temps, et que dès 1854, à la suite d'une tempête qui avait dévasté la Provence, après avoir sévi au Havre vingt-quatre heures à l'avance, le comice agricole de Toulon (Var) adressait une longue lettre à M. le ministre de l'agriculture, pour lui exposer les avantages qui résulteraient de l'annonce, faite en temps utile, de l'arrivée du mauvais temps.

« Je pense donc, monsieur le ministre, que non-seulement il y aurait lieu d'encourager les bonnes dispositions de l'école normale de Vesoul (qui demandait l'autorisation de faire faire chaque jour par ses élèves, sous la direction d'un maître, des observations météorologiques destinées au *Journal d'agriculture pratique*), mais qu'il y aurait une très-grande utilité à étendre cette mesure à toutes les écoles normales de l'empire. Aucune n'hésitera un instant à se charger de ce travail.

« Les instruments qui seraient nécessaires à chaque école sont :

| | | |
|---|---|---|
| Un baromètre. . . . . . . . | Prix. | 80 fr. |
| Un thermomètre. . . . . . . . . . | | 20 |
| Un pluviomètre . . . . . . . . . . | | 30 |
| Un hygromètre . . . . . . . . . . | | 25 |
| TOTAL. . . . . . . . | | 155 fr. |

« Les sociétés d'agriculture, les comices agricoles, les conseils généraux pourraient contribuer à cette dépense.

« La météorologie prend un rang de moins en moins contesté parmi nos sciences d'application générale, et l'attention publique est fixée sur les services qu'elle est appelée à rendre à nos populations; le moment semble donc venu de travailler sérieusement à l'organisation des moyens d'étude qui lui sont indispensables. »

Dans une nouvelle lettre[1], M. Le Verrier appelait également l'attention de M. le ministre de l'instruction publique sur les nombreux orages qui ont traversé l'Europe pendant le mois de mai 1864, et en faisant observer que « les bourrasques orageuses de l'été semblent avoir la même origine que les grandes tempêtes de la mauvaise saison, et que les unes et les autres

1. *Bulletin de l'Observatoire impérial*, nº du 29 juillet 1864.

peuvent être prévues et suivies dans leur marche par les mêmes moyens, » il demandait le concours des écoles normales ainsi que celui des chambres de commerce, des sociétés d'agriculture et des ingénieurs de l'État pour la réunion des matériaux d'une bonne statistique des orages, qui permettrait de dresser les cartes des régions traversées par ces météores et de déterminer les probabilités d'orages pour chaque canton. On comprend que de telles cartes pourraient non-seulement aider à prévenir les cultivateurs, mais qu'elles offriraient encore le moyen de proportionner les sacrifices de chacun, dans l'assurance mutuelle, à ses chances de perte.

En réponse à cette lettre, M. le ministre a bien voulu adresser aux préfets une circulaire dans laquelle il demandait le concours du conseil général de chaque département pour l'acquisition des instruments nécessaires, afin de mettre les écoles normales à même de recueillir les observations indiquées par M. Le Verrier.

Si on considère, ainsi que l'ont fait MM. Payen et Barral dans leur remarquable rapport[1] sur les applications possibles de la météorologie à l'agriculture, tous les avantages qui résulteraient pour nos campagnes d'une connaissance du temps basée sur des observations plus certaines que les pronostics accoutumés, on doit espérer qu'un jour chacun de nos villages possédera, comme chacun de nos ports, les instruments météorologiques nécessaires, acquis soit au moyen d'une modique cotisation, soit par une subvention des communes. L'instituteur pourrait être chargé des observations journalières, faciles à enregistrer, et les instruc-

1. *Bulletin de l'Observatoire impérial*, n° du 19 juillet 1864.

tions[1] adoptées par le comité de l'association scientifique dont nous ferons connaître plus loin l'organisation, le mettraient bientôt à même de prévoir et d'annoncer, dans la plupart des cas, l'approche des perturbations atmosphériques. Les propriétaires intelligents, en s'associant aussi à ces recherches, n'obtiendraient pas seulement des indications propres à favoriser les travaux rustiques: «Ils seront toujours sûrs, dit M. de Gasparin, de trouver une douce et utile occupation dans les observations météorologiques, dans leur comparaison avec celles des autres lieux et des autres temps; et en charmant leurs loisirs, ils prépareront l'époque où la météorologie acquerra la certitude qui lui manque et où les conjectures relatives aux phénomènes futurs deviendront des probabilités.»

Ajoutons que la comparaison des séries d'observations faites à diverses époques peut indiquer, suivant la juste remarque de M. Buys-Ballot, si l'état naturel du lieu a éprouvé des changements, soit à la suite de la culture des terres ou du défrichement des forêts, soit par le desséchement de lacs, de bras de mer ou de marais, soit par le reboisement. Ces indications ne pourront sans doute acquérir une valeur scientifique que dans la suite des temps, mais elles seront alors infiniment précieuses si elles nous affirment l'influence que l'homme peut exercer sur les climats, par une bonne gestion du domaine qui lui est confié.

1. *Bulletin de l'Observatoire impérial*, n° du 25 août 1864 et suivants.

**Association pour l'avancement de la météorologie.**

La *Société météorologique de France*, en publiant depuis 1849 un *Annuaire*[1] destiné à recueillir des expériences et des observations jusqu'alors peu répandues, et à provoquer des recherches nouvelles, a puissamment contribué au progrès des études se rapportant à la connaissance de l'atmosphère et des phénomènes qui s'y développent. Sous les auspices de cette société, M. Renou, l'un de ses membres, a ouvert dans le grand amphithéâtre de l'École de médecine, un cours de météorologie, qui, en montrant l'importance de cette science nouvelle, accessible à toutes les intelligences, donnera une nouvelle impulsion aux utiles recherches, aux intéressantes observations qu'elle engage à poursuivre.

Les directeurs de nos principaux journaux d'agriculture ont obtenu la formation de réseaux météorologiques, fondés par la libre coopération des agriculteurs, et qui, en permettant de publier chaque mois des notes sur l'état des récoltes, fourniront aussi les meilleurs documents sur la climatologie de la France.

Enfin, une grande association pour l'avancement de l'astronomie et de la météorologie a été fondée, sous la présidence de M. Le Verrier ; l'extrait suivant du compte rendu de la première séance générale, qui a eu lieu le 3 juin 1864, en fera connaître le but :

« L'astronomie et la météorologie font de rapides progrès dans l'ancien et dans le nouveau monde, grâce

1. Depuis le 1er janvier 1868, un excellent recueil mensuel, intitulé *Nouvelles météorologiques*, a été ajouté au recueil périodique annuel des travaux de la Société.

au concours des gouvernements, de l'action individuelle et d'associations puissantes; de nombreux établissements sont fondés, de grands travaux sont accomplis sous cette triple impulsion.

« Plus qu'aucun autre le gouvernement français donne à la science un appui libéral et fécond. Les villes de Toulouse, Marseille, Montpellier érigent de leur côté des observatoires. La chambre de commerce de Bordeaux fonde un prix annuel pour les observations météorologiques à la mer.

« *L'Association pour l'avancement de l'astronomie et de la météorologie* a pour but de compléter les moyens d'action de la France[1]. »

Après cet exposé, présenté à l'assemblée par M. Le Verrier, la commission chargée des premières propositions relatives à la météorologie, a fait, par l'organe de M. Renou, un rapport dont nous reproduisons les principaux passages :

« La météorologie est une des sciences les plus anciennement cultivées. La diversité des climats à la surface du globe, les changements qui se succèdent chaque jour dans l'état du ciel, dans le degré d'agitation, de chaleur et d'humidité de l'air, et surtout ces grandes perturbations de l'atmosphère qui bouleversent la surface de la terre et des mers, touchent de trop près à notre sécurité et à notre bien-être pour que les hommes ne s'y soient pas intéressés dans tous les temps. Il appartenait cependant à notre époque, où la science marche d'un pas si rapide, et où elle dispose de res-

1. Cette association compte aujourd'hui plus de quatre mille membres, parmi lesquels un grand nombre de dames. Les associés versent une cotisation annuelle de dix francs. Les souscriptions sont reçues au secrétariat de l'association, à l'Observatoire.

sources inconnues jusqu'alors, de donner à la météorologie une impulsion féconde, en étendant ses investigations sur toute la surface du globe, et en associant les efforts individuels par la rapide communication des résultats obtenus.

« Les services rendus à la navigation par Maury et par ceux qui se sont efforcés de marcher sur ses traces, montrent que la météorologie est entrée dans sa véritable voie. On ne peut plus douter que, par des recherches d'ensemble poursuivies avec persévérance sur une échelle de plus en plus vaste, elle ne doive arriver à la connaissance des lois encore ignorées qui président aux mouvements de l'atmosphère et nous donner ainsi la clef de ce que nous appelons les caprices du temps.

« La commission a été frappée par l'importance de la situation créée en météorologie par l'initiative de la France, par l'œuvre de toutes les nations de l'Europe et par le concours empressé des administrations des lignes télégraphiques de France et des divers pays. »

Après avoir fait connaître le grand service international de télégraphie météorologique dont l'Observatoire impérial de Paris est aujourd'hui le centre, M. Renou ajoutait :

« Une association de cette nature est incontestablement un fait d'une grande valeur, le but qu'elle poursuit est des plus importants, puisqu'il consiste à restreindre les sinistres qui, chaque année, coûtent la vie à plusieurs milliers d'hommes et engloutissent des centaines de millions. »

M. Renou entrait ensuite dans des considérations relatives aux prix de météorologie fondés par l'association. Ces prix, au nombre de trois, sont décernés aux auteurs du *meilleur travail sur les mouvements généraux de l'atmosphère*, — des *meilleures observations faites à la mer*, — et des *meilleures séries d'observations faites en des lieux du globe peu connus*. Depuis, deux nouveaux prix ont été institués, pour être décernés aux deux *meilleurs mémoires relatifs à l'application de la météorologie aux questions agricoles*.

Une carte résumant le service de la météorologie nautique, dont le centre est à Paris, a été distribuée aux membres de l'association. Ce service s'étend aujourd'hui à toutes les côtes de la mer Baltique, à celles de la mer du Nord, aux côtes françaises de la Manche et de l'Océan, aux côtes du Portugal et de l'Espagne, aux côtes françaises de la Méditerranée, à celles de l'Italie, de la Sicile, de l'Adriatique, aux côtes russes de la mer Noire, enfin, par le télégraphe transatlantique, jusqu'à Terre-Neuve.

Sous les auspices de l'Association scientifique, l'Observatoire de Paris a publié successivement jusqu'aujourd'hui (fin 1869) cinq atlas exécutés à l'aide des données fournies par les observateurs du continent européen et de l'océan Atlantique : 1° l'Atlas des mouvements généraux de l'atmosphère se compose des cartes où les courbes isobarométriques permettent de suivre, pour l'année 1864 et la moitié de 1865, une grande partie des tempêtes tournantes depuis les côtes d'Amérique jusqu'aux régions orientales de l'Europe; 2° les atlas météorologiques de 1865, 1866, 1867 et 1868 renferment aussi des tracés du parcours de tempêtes remarquables, et l'ensemble des faits météorologiques qui concernent les parcours des orages en France. Pour beaucoup de cartes, les documents ont été discutés par les commissions départementales. On y a mis en usage des signes conventionnels qui indiquent les localités visitées par l'orage, différents selon qu'il a ou non produit des dégâts, les averses de pluie ou de grêle, les chutes de foudre. En traçant des lignes de distance en distance pour les points frappés à la même heure, on a donné le moyen d'évaluer la vitesse de translation.

De l'étude de ces cartes ressortent d'intéressantes considérations que nous résumons d'après M. Marié-Davy : « Les orages, dit-il, ne sont point des phénomènes localisés comme on l'avait admis jusqu'à présent. Ils s'étendent toujours à une partie considérable de la France et quelquefois la traversent dans toute son étendue, sur une ligne plus ou moins large, mais dépassant deux ou trois cents lieues en longueur. Ils exigent, pour se former, une certaine préparation de l'atmosphère, ce qui permet de prévoir leur arrivée. Ils accompagnent constamment les mouvements tournants de l'air; mais, pour provoquer l'orage, ces mouvements ont d'autant moins besoin d'être fortement caractérisés que la température est plus élevée et l'air plus chargé de vapeurs. »

« .... Dans les temps ordinaires, l'atmosphère de l'Europe n'est pas assez abondamment fournie en électricité et en vapeur d'eau, les mouvements de l'air dans le sens de la verticale n'y sont pas assez actifs pour que les orages s'y forment d'eux-mêmes comme dans la zone équatoriale; mais qu'un mouvement tournant s'y produise, l'air des hautes régions se trouve abaissé vers la terre dans l'axe du tourbillon : il y apporte sa basse température d'où résultent les nuages; il y apporte son électricité que les nuages recueillent. Les éléments de l'orage se trouvent ainsi réunis à un degré d'autant plus élevé que l'appel d'air des régions supérieures est plus actif, ou que la saison d'été a rendu la température plus rapidement décroissante avec la hauteur.

« Les courants établis à la surface de la France sont divisés et déviés par les grandes ondulations du sol : les orages qui s'y forment, subissent la même influence. Écartés ainsi des sommets, ils se reportent en plus grand nombre sur leurs pentes à un niveau variable avec la hauteur moyenne des nuages orageux.

« Les ondulations du sol ont ainsi une influence très-marquée sur la répartition des orages en France, mais la nature du sol et du sous-sol, leur degré d'humidité, la nature des végétaux qui les recouvrent ont une action non moins grande, probablement, sur les chutes de grêle ou de foudre. »

Une des créations les plus utiles de M. le ministre Duruy, est l'Établissement météorologique central de Montsouris, appelé à rendre de grands services, non-seulement à la science pure, mais aussi à l'hygiène, à l'agriculture, à l'industrie et à la marine. Le point où il est établi, près de Paris, est très-bien choisi pour que les nombreux instruments d'observation soient convenablement isolés de l'influence des lieux habités. L'Établissement renferme un laboratoire d'expérimentation pour l'analyse de l'air et des eaux. Aux travaux de météorologie actuelle sera jointe la discussion de tous les documents anciens qu'il sera possible de réunir.

En Angleterre, après la mort si regrettable de l'amiral Fitz-Roy, et sur l'avis du comité nommé par la Société royale, le Bureau du commerce (*Board of Trade*) et l'Amirauté, pour examiner les questions relatives à l'organisation et au fonctionnement du Bureau météorologique, il fut décidé que la direction de ce bureau serait désormais confiée à un comité scientifique permanent, dont les membres, choisis par la Société royale, seraient chargés, sauf approbation du Bureau de commerce, de l'organisation de cet important service.

Les fonctions du comité, divisées en trois grandes branches, embrassent : *la météorologie de l'Océan; les avis télégraphiques du temps; la météorologie des Iles Britanniques.*

Les instruments enregistreurs, construits pour les observatoires, sont : un *thermographe*, un *barographe* et un *anémographe*, qui enregistrent d'une manière continue la température de l'air et celle de l'évaporation, — la pression atmosphérique — et la direction du vent.

Une somme de deux cent cinquante mille francs a été votée par le Parlement, en 1867, pour assurer le fonctionnement du service dirigé par le Comité météorologique. Mais cette somme est insuffisante, et devra être augmentée, si après avoir obtenu le progrès des observations, on veut généraliser leur utilisation. Le Comité compte adresser prochainement une demande dans ce sens au gouvernement britannique, qui, sans doute, accordera volontiers les fonds nécessaires au développement d'une œuvre dont il a, dès l'origine, apprécié toute l'importance.

En France, l'Association scientifique a été heureuse de reprendre avec le comité de la Société royale, par l'intermédiaire de M. Robert Scott, directeur du Bureau météorologique, les relations qu'elle avait autrefois avec l'amiral Fitz-Roy, et de contribuer ainsi à donner une nouvelle impulsion au service international.

Ainsi que le disait très-bien la commission de rédaction[1] des *Nouvelles météorologiques* dans une circulaire adressée aux présidents des sociétés météorologiques et aux directeurs des instituts météorologiques de l'Europe : « La météorologie ne peut progresser que par le concours d'un très-grand nombre d'observateurs consciencieux ; mais, par sa nature même et par son application à tous les usages de la vie dans nos sociétés modernes, elle a su faire naître autour d'elle un mouvement considérable et des sympathies actives, dont il lui importe de faire un bon emploi. Il lui faut favoriser le mouvement qui la pousse en avant, et encourager tous les genres de concours, en approchant de chaque effort le but pratique auquel il doit tendre, tout en permettant à la science de se constituer. »

### Lois générales.

Dans sa première séance l'Association scientifique a voté une subvention applicable à la construction d'un grand télescope qui sera placé dans une de nos villes du Midi.

Les liens qui unissent l'astronomie, la météorologie et la physique du globe ont été indiqués avec une grande élévation de vues par le P. A. Secchi, directeur de l'Observatoire à Rome[2], dans une série de mémoi-

1. Cette commission est composée de MM. Charles Sainte-Claire Deville, Marié-Davy, Renou, Lemoine et Sonrel.

2. On doit à ce savant la construction d'un *météorographe* destiné à enregistrer les phénomènes météorologiques, au moyen de courbes graphiques tracées sur des tableaux dont le mouvement est réglé par une horloge. Le grand prix a été décerné par le jury international de l'Exposition universelle de 1867, à cet appareil, qui fonctionne régulièrement depuis neuf années au Collége romain.

res relatifs aux rapports observés entre les variations atmosphériques et celles du magnétisme terrestre, ainsi que par M. Quetelet dans son beau travail sur les phénomènes périodiques. Ce dernier dit très-bien : « On peut regarder l'astronomie, et surtout l'observation des deux grands corps célestes qui frappent le plus nos regards, comme renfermant l'origine de tous les phénomènes qui méritent de nous occuper dans nos études. »

Arago, dans son *Astronomie populaire*, a aussi montré la beauté des rapports que l'observation des phénomènes cosmiques[1] et terrestres nous découvre :

« Les divers phénomènes de la voûte étoilée et de la météorologie, lors même qu'ils paraissent déjouer par leur inconstance toute la perspicacité des hommes, finissent, à la suite d'une étude approfondie, par se rattacher les uns aux autres dans une sublime coordination. »

M. Renou, dans son mémoire sur le retour périodique des grands hivers, a recueilli les faits importants qui semblent prouver que la période des principaux phénomènes météorologiques est liée aux périodes des étoiles filantes, des taches solaires et des oscillations de l'aiguille aimantée. Ces rapports, qui, pour la plupart, comme le fait observer M. Renou, ne sont encore basés que sur des conjectures, doivent cependant nous guider dans la recherche des grandes lois qui président à l'organisation des mondes.

C'est par la connaissance de ces lois, par l'admiration qu'elles nous commandent, qu'il nous est surtout possible de concevoir l'action bienfaisante de la puis-

1. Du mot grec *cosmos*, qui veut dire également *ordre*, *monde* et *beauté*.

sance créatrice, de remonter jusqu'à l'idée de la sagesse infinie, et de goûter la paix du religieux sentiment si bien exprimé par Leibniz lorsqu'il disait : « Ce n'est pas peu de chose que d'être content de Dieu et de l'Univers. »

FIN.

# NOTE.

## INSTRUMENTS D'OBSERVATIONS.

Baromètre. — Thermomètre. — Hygromètre. — Pluviomètre ou Udomètre.

### Baromètre.

Un tube de verre droit d'environ 85 centimètres de longueur, rempli de mercure et plongeant dans une cuvette pleine de ce métal, constitue le baromètre. La pression atmosphérique est mesurée par la différence des niveaux qui s'établissent dans le tube et la cuvette. On a employé divers procédés plus ou moins exacts pour déterminer cette différence.

Quand il ne faut pas une grande précision, on se sert d'une large cuvette et on néglige les variations de niveau du mercure qu'elle contient. Quelquefois on se contente de rendre l'échelle mobile, de manière à ramener le zéro de ses divisions au niveau extérieur. Dans le baromètre à *siphon*, le tube recourbé vers le bas forme deux branches inégales, dont la plus grande est fermée et l'autre ouverte. Il exige deux observations.

Le baromètre de Fortin, qui permet d'obtenir les observations les plus exactes, a en outre l'avantage d'être très-portatif; mais il est cher. Il se distingue des autres en ce qu'on peut toujours amener avec beaucoup de précision le niveau du mercure dans la cuvette au zéro de l'échelle fixe. Quand on observe avec soin, on approche de la hauteur à un vingtième de millimètre près.

Sous la réserve d'établir de temps en temps des comparaisons avec un baromètre à mercure, le baromètre *anéroïde* peut être employé dans les observations météorologiques. Il se compose d'un tube de laiton à parois flexibles et courbé en anneau presque fermé. Le vide y est fait d'avance. Quand la pression atmosphérique augmente ou diminue, l'anneau se ferme ou s'ouvre, et ce mouvement se communique à une aiguille qui indique la pression sur un cadran.

### Thermomètre.

On se sert habituellement dans les observatoires du thermomètre à mercure; l'alcool ne devient nécessaire que dans les régions où le froid congèle ce métal. Le liquide dont on observe la dilatation est renfermé dans un tube capillaire en verre, soudé à un réservoir cylindrique ou sphérique de la même matière. L'échelle est graduée sur le tube même ou sur une règle qui lui est parallèle; la première disposition est la meilleure. Pour zéro de l'échelle on a pris la température de la glace fondante, et pour second point fixe, représenté par 100 degrés, la température de l'ébullition de l'eau distillée, dans un vase de métal, la pression atmosphérique étant $0^{m},75$.

Pour connaître la plus basse température de la nuit et la plus haute température du jour, on remplace les thermomètres ordinaires par des instruments spéciaux. Le thermomètre *a minima* de Rutherford est le plus simple. Placé horizontalement ou très-légèrement incliné du côté opposé au réservoir, il contient de l'alcool et un index formé par un petit cylindre en émail. Quand le liquide se contracte, ce corps est entraîné avec lui par un effet d'adhésion jusqu'au point qui correspond au maximum de contraction. La température s'élevant ensuite, l'alcool se dilate, passe entre la paroi du tube et l'index sans que celui-ci se déplace.

Le thermomètre *a maxima* du même physicien est à mercure et renferme un index cylindrique en fer. L'instrument étant disposé horizontalement et le liquide se dilatant, ce cylindre est poussé devant lui. Il reste en place lors de la contraction, car il n'y a pas d'adhérence entre le mercure et le fer. On se sert d'un aimant pour rétablir le contact.

La commission de l'Association scientifique recommande le thermomètre *a maxima* de MM. Negretti et Zambra, opticiens à Londres. C'est un thermomètre à mercure dont la tige est étranglée près du réservoir par une pointe de verre qui y est soudée intérieurement. Le mercure franchit cet obstacle pendant l'ascension de la température; mais dès qu'elle descend, le thermomètre étant horizontal, la colonne de mercure est divisée à l'étranglement et reste en place. La lecture faite, il suffit de redresser l'instrument et de lui imprimer une petite secousse pour faire rentrer le mercure dans le réservoir.

### Hygromètre.

On appelle état hygrométrique de l'air le rapport de la quantité actuelle de vapeur d'eau qu'il renferme à la quantité qu'il contiendrait s'il était saturé, la température étant la même dans les deux cas. Pour obtenir ce rapport, on se sert d'instruments appelés hygromètres, fondés sur la propriété qu'ont les substances organiques de s'allonger par l'humidité et de se raccourcir par la sécheresse, ou de la méthode du *psychromètre*, qui consiste à observer simultanément deux thermomètres, l'un sec et l'autre dont le réservoir est constamment mouillé.

L'hygromètre de Saussure est formé par un cheveu, préalablement dégraissé, dont les variations de longueur sont communiquées à une aiguille parcourant un cadran divisé. On marque le zéro au point où elle s'arrête dans l'air complétement desséché, et 100 degrés au point qu'elle atteint dans l'air saturé de vapeur d'eau. Les indications de l'instrument ne sont pas proportionnelles à l'état hygrométrique de l'air. Pour obtenir celui-ci, il faut se servir de tables construites par Gay-Lussac.

Dans le psychromètre, l'évaporation qui se fait sur le réservoir humide détermine un abaissement de température d'où l'on peut déduire, au moyen d'un calcul simple, la force élastique de la vapeur et par suite le degré d'humidité existant dans l'air.

### Pluviomètre ou Udomètre.

Le pluviomètre ou udomètre est un instrument qui sert à mesurer la quantité de pluie qui tombe en un temps donné dans un lieu donné. On peut lui donner différentes formes. L'une des plus simples est celle indiquée dans le *Magasin pittoresque* (tome XXIV, 1856, page 192). Des perfectionnements considérables ont été proposés, il y a quelques années, par M. Hervé-Mangon. Le pluviomètre du Dépôt de la marine, que nous représentons, se compose d'une double cuvette en fer-blanc avec plans inclinés pour déversoir, mobiles sur un axe central. L'eau de pluie reçue dans un entonnoir, dont la surface est déterminée suivant chaque appareil, se rend par un conduit dans un second réservoir A au-dessus de la cuvette B; l'eau en sort par un petit orifice et vient tomber sur un des plans inclinés de la cuvette. Quand il s'est écoulé une quantité d'eau déterminée, suivant la condition de l'appareil, la cuvette bascule vient butter contre une tige en cuivre CC, et l'eau s'écoule dans un réservoir latéral DD.

Ce mouvement de bascule se reproduit ainsi toutes les

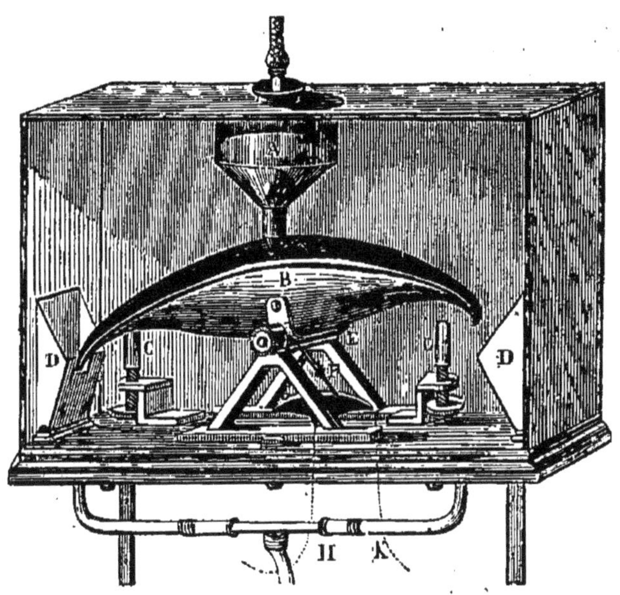


Pluviomètre.

fois que le poids suffisant d'eau est tombé. Le principal mérite de l'appareil est d'enregistrer lui-même le volume de l'eau reçue; à cet effet, à l'axe horizontal E se trouve jointe une aiguille F, dont l'extrémité plonge dans une petite cuvette de mercure G, toutes les fois que le mouvement de bascule se produit.

Pendant cette période très courte, un courant électrique

se trouve établi ; il est produit par deux fils H et K, dont l'un K vient communiquer avec le pied L de la cuvette, et l'autre H avec le mercure G; au moyen d'un mécanisme spécial, le courant marque lui-même un point, chaque fois que la bascule se produit, sur un rouleau de papier animé d'un mouvement uniforme. On peut donc savoir à l'inspection de la feuille quelle a été, dans un moment de la journée, la quantité d'eau tombée.

# TABLE DES GRAVURES

# TABLE DES MATIÈRES

III

PLUIE, NEIGE ET GRÊLE.



IV

PHÉNOMÈNES GLACIAIRES.



V

ORAGES.



VI

TOURBILLONS.

## VII

ARC-EN-CIEL. — COURONNES ET HALOS.



## VIII

AURORES BORÉALES.



## IX

ÉTOILES FILANTES.



## X

POUSSIÈRES DE L'ATMOSPHÈRE. — BROUILLARDS SECS.

## XI

### PRONOSTICS DU TEMPS.



## XII

### MÉTÉOROLOGIE PRATIQUE.



## NOTE.

### INSTRUMENTS D'OBSERVATIONS.



11053 — Imprimerie générale de Ch. Lahure, rue de Fleurus, 9, à Paris.

www.ingramcontent.com/pod-product-compliance
Ingram Content Group UK Ltd.
Pitfield, Milton Keynes, MK11 3LW, UK
UKHW021851190726
13855UKWH00001B/263